ALGÈBRE

ET

LOGARITHMES

ALGÈBRE

ET

LOGARITHMES

PAR A. R.,

élève de l'École Normale supérieure.

PARIS,

A. RENÉ ET Cie, IMPRIMEURS-ÉDITEURS,

RUE DE SEINE, 32.

1847

LOGARITHMES

ALGÈBRE.

CHAPITRE I.

Objet général de l'algèbre. — But de cette science.

Les sciences mathématiques ont pour objet la quantité ; elles la reproduisent sous toutes les formes : en arithmétique, sous celle du nombre ; en géométrie, sous celle de l'étendue figurée ; en mécanique, sous celle des forces et des vitesses. Toutes ces diverses branches sont réunies par ce lien commun, savoir, qu'elles s'occupent toutes de la quantité, du nombre proprement dit ; car leur but spécial est de ramener tout à la mesure, au nombre, qui sont du domaine de l'arithmétique.

Or, en général, dans chaque question que l'on se propose de résoudre, on rencontre certaines quantités connues et certaines autres quantités inconnues ; ces dernières doivent être déterminées à l'aide des premières, par le moyen des relations qui les unissent toutes entre elles. Donc, pour résoudre une question, il faut avant tout se préoccuper de découvrir toutes les relations qui existent entre les inconnues et les connues ; puis, par des décompositions plus ou moins compliquées, il faut, de la valeur des quantités connues, déduire celle des inconnues. C'est là le procédé qui constitue, à vraiment parler, ce que l'on entend par l'analyse mathématique.

L'arithmétique enseigne des procédés généraux pour résoudre un petit nombre de questions fort simples ; mais, au delà, elle est insuffisante, et il faut souvent de longs et pénibles raisonnements pour résoudre une question même peu compliquée. En outre, l'arithmétique proprement dite ne laisse guère de traces du procédé employé pour parvenir au but ; elle donne un résultat brut en nombres ; en sorte que, si l'on veut plus tard résoudre un problème différent, mais de même genre, il faut toujours recommencer la même série de raisonnements qui, la première fois, avait conduit au but. Pour nous faire mieux entendre, au lieu de rester dans ces généralités, examinons un problème particulier.

Deux personnes possèdent à elles deux 100 fr. ; et l'une d'elles a 20 fr. de plus que l'autre. Combien chacune a-t-elle d'argent ?

Je dirai tout simplement : si leurs fortunes étaient égales, elles auraient chacune 50 fr. ; or l'une doit avoir 20 fr. de plus que l'autre ; donc, si de l'une des deux parts, 50 fr., j'ôte 10 fr., ce qui fait 40 fr., pour ajouter ces 10 fr. à l'autre part, qui est aussi 50 fr., ce qui alors fera 60 fr., j'ai évidemment résolu la question.

Ainsi les deux personnes possèdent, l'une 40 fr., l'autre 60 fr.

On voit que ce problème, en définitive, revient au suivant : Trouver deux nombres dont on connaît la somme (100) et la différence (20). Nous avons vu tout à l'heure que les deux nombres étaient 60 et 40 ; mais cela ne nous apprend pas comment il faut s'y prendre en général pour résoudre le problème. Employons la méthode analytique.

Il est bien clair que le plus grand des deux nombres inconnus se compose du plus petit augmenté de la différence donnée.

Or,

Le *plus grand* plus le plus petit égalent la somme donnée.

Ou bien, en remplaçant le *plus grand* par sa valeur,

Le plus petit plus la différence plus le plus petit égalent la somme.

Ou encore,

Deux fois le plus petit plus la différence égalent la somme.

Donc

Deux fois le plus petit égalent la somme moins la différence.

Et enfin,

Le plus petit égale la moitié de : (la somme moins la différence.)

Connaissant le plus petit, il sera aisé d'avoir le plus grand.

Nous avons ici ce qu'on appelle une formule analytique ; c'est-à-dire que, dans tous les problèmes de ce genre, pour avoir le plus petit des deux nombres, il faut, de la somme donnée, retrancher la différence donnée, puis prendre la moitié du reste.

Ainsi, 100 était la somme, 20 la différence donnée ; en retranchant l'une de l'autre, on a 80, dont la moitié est 40 ; donc le plus petit nombre est 40 ; et, par suite, le plus grand est 40 plus 20, ou 60.

Le procédé que nous venons d'employer est pénible et fastidieux ; surtout, s'il s'agissait d'un problème plus compliqué que celui que nous ayons examiné, il pourrait fort bien arriver que les raisonnements et les calculs fussent un vrai labyrinthe.

Il a, de toute nécessité, fallu créer pour la science analytique un langage qui lui fût propre ; que ce langage fût simple, bref, et par cela même facile à comprendre : c'est ce langage qu'on appelle *Algèbre*. Il consiste en un petit nombre de symboles destinés à représenter les opérations qu'on doit effectuer sur les quantités ; puis, pour plus de commodité dans le langage et dans l'écriture, on désigne les quantités, tant connues qu'inconnues, par les lettres de l'alphabet.

Revenons au problème précédent :

Trouver deux nombres dont on connaît la somme et la différence.

[Nous emploierons le signe $+$ qui veut dire plus ; $-$ qui signifie moins ; $=$ égale.]

Désignons la somme donnée par s et la différence par d, et par x le plus petit des deux nombres.

Le plus petit x
Le plus grand . . . . $x + d$
La somme des deux nombres $x + x + d$, ou

bien $2x + d$; cette somme est connue puisqu'elle est égale à s.

Donc
$$2x + d = s.$$

Puisque la quantité $2x + d$ est égale à la quantité s, on peut de chacune d'elles retrancher d, et les restes seront évidemment encore égaux; donc
$$2x = s - d$$

Puisque $2x$ est égal à $s - d$, il est clair que x sera égal à la moitié de $s - d$.

C'est-à-dire
$$x = \frac{s - d}{2}$$

[Ce signe signifie $s - d$ divisé par 2.]

L'expression que nous venons d'écrire est ce qu'on nomme une *formule algébrique*; elle montre immédiatement les opérations à faire sur les données s et d pour en déduire l'inconnue x.

Ainsi, dans le problème, on avait la somme $s = 100$ fr., la différence $d = 20$ fr.

Donc
$$x = \frac{100 - 20}{2} = \frac{80}{2} = 40$$

Le plus grand des deux nombres est $x + d$; donc sa valeur sera

$$\frac{s - d}{2} + d = \frac{s - d}{2} + \frac{2d}{2} = \frac{s - d + 2d}{2}$$

Or, de s ôter d, pour ajouter ensuite $2d$, on

1.

voit que cela revient à ajouter tout simplement d. Donc cette expression devient

$$\frac{s+d}{2}$$

Ainsi le plus grand des deux nombres se trouve en ajoutant la somme s avec la différence d, et en prenant la moitié du total ; dans le cas de $s = 100$, $d = 20$, on aura

$$\frac{100+20}{2} = \frac{120}{2} = 60$$

Ainsi les deux nombres cherchés sont 60 et 40.

Dans la question précédente nous avons été amenés à l'expression : $2x + d = s$.

Une telle expression, composée de quantités connues et inconnues, liées entre elles par le signe $=$ (égale), est ce que l'on nomme une *équation*.

L'algèbre a pour but spécial, 1° de ramener tout problème à une équation ; 2° de résoudre l'équation, c'est-à-dire d'en déduire la valeur de l'inconnue x.

Proposons-nous encore la solution du problème suivant :

On demande à un homme quelle est sa fortune. Le triple de mon argent, répond-il, diminué de 20 fr. fait autant que le double augmenté de 60 fr.

Représentons par x le bien de cet homme ; le triple sera $3x$, et le triple diminué de 20 fr. sera $3x - 20$.

Le double de sa fortune est $2x$; ce double augmenté de 60 est $2x + 60$.

Et comme, d'après l'énoncé, ces deux quantités doivent être égales :

$$3x - 20 = 2x + 60$$

Si on retranche $2x$ de chaque membre, ce qui ne trouble pas l'égalité, il vient

$$x - 20 = 60$$

c'est-à-dire que le nombre inconnu surpasse 20 de 60 unités, donc ce nombre x vaut 80.

Ainsi il possède 80 fr. En effet, le triple de 80 fr. diminué de 20 fr. fait 220 fr., et le double de 80 fr. augmenté de 60 fr. fait aussi 220 fr.

CHAPITRE II.

De la résolution des équations.

Quand un problème est proposé, il faut avant tout trouver l'équation ; c'est ce qu'on appelle mettre le problème en équation. Il est à peu près impossible de prescrire des règles générales pour cette première partie de la solution. L'exercice et l'habitude seuls pourront bien l'enseigner. La règle que l'on peut donner, et qui réussit dans le plus grand nombre de cas, est la suivante :

Représentez les inconnues par des lettres, puis, indiquez sur toutes les quantités de la question les opérations qu'il faudrait exécuter pour faire la preuve si l'on avait déterminé les valeurs des in-

connues ; cette méthode presque toujours conduit
à l'équation du problème.

Passons à la résolution des équations. Une équation peut renfermer des connues et des inconnues
mélangées dans les deux membres ; mais il est
évident que si elle était de la forme simple

$$5x = 40$$

elle se résoudrait immédiatement ; car, puisque
$5x$ valent 40, un seul x vaudra cinq fois moins,
c'est-à-dire $\frac{40}{5} = 8$. L'artifice de l'algébriste consiste à ramener à cette forme unique les équa-
tions les plus compliquées. La méthode que l'on
emploie est fondée sur l'axiome suivant : si à deux
quantités égales on fait subir des modifications
identiques, les résultats sont encore égaux.

Par exemple, on pourra aux deux membres de
l'équation ajouter ou retrancher des nombres
égaux ; multiplier ou diviser ces deux membres
par un même nombre, etc.

Lorsque l'équation renferme des x dans chacun des deux membres, on voit dès lors qu'il faudra faire passer tous les x dans un seul membre,
puis toutes les quantités connues dans l'autre :
alors l'équation se trouvera ramenée au type écrit
plus haut.

Or, un terme entre dans une équation avec le
signe $+$ ou avec le signe $-$.

S'il se trouve dans son membre avec le signe $+$,
et que je l'efface, j'ai diminué ce membre de la quantité que j'ai effacée ; il faudra donc, pour mainte-
nir l'égalité, que je diminue aussi l'autre membre

de la même quantité, c'est-à-dire que j'écrive cette quantité dans l'autre membre avec le signe —.

Donc une quantité précédée du signe + change ce signe en —, quand elle passe dans l'autre membre.

Ex. soit l'équation :

$$3x + 8 = 29$$

on en tire

$$3x = 29 - 8 = 21$$

$$x = \frac{21}{3} = 7$$

Si le terme qu'on veut transposer avait le signe —, en l'effaçant dans le membre où il se trouvait, j'augmente ce membre puisque je cesse d'en retrancher le terme ; il faut donc nécessairement que j'augmente l'autre de la même quantité.

Donc une quantité précédée du signe — change ce signe en + quand elle passe dans l'autre membre.

$$\text{Ex.} \quad 7x - 8 = 13 \quad 7x = 13 + 8 = 21$$

$$x = \frac{21}{7} = 3$$

Ainsi, règle générale : toute quantité en changeant de membre change de signe.

Pour résoudre l'équation, on transpose toutes les inconnues dans un membre, et toutes les connues dans l'autre.

Ex. $\quad 5x + 8 = 3x + 14 \quad\quad 5x - 3x = 14 - 8$

$$2x = 6 \quad\quad x = \frac{6}{2} = 3$$

Autre exemple :

$$9x - 15 + 6x + 12 - 4x - 8x = 80 - 60x + 20 - 40x$$

$$9x + 6x - 4x - 8x + 60x + 40x = 80 + 20 + 15 - 12$$

$$103x = 103 \quad\quad x = \frac{103}{103} = 1$$

Nous ferons aussi remarquer qu'il pourrait fort bien se faire que l'équation renfermât des fractions ; dans ce cas il n'y a pas plus d'embarras que dans le précédent. Il est en effet fort aisé de ramener tout au problème résolu plus haut. On réduira toutes les fractions au même dénominateur et les entiers en fractions, d'après la méthode connue en arithmétique, puis on supprimera tous les dénominateurs, ce qui ne trouble pas l'égalité, car on a fait subir la même modification à tous les termes. Exemple :

$$\frac{3}{4} + \frac{7x}{12} - \frac{5}{6} + 9x = 90 - \frac{x}{2} + \frac{5x}{6}$$

Le dénominateur commun est ici 24, et l'équation devient

$$\frac{18}{24} + \frac{14x}{24} - \frac{20}{24} + \frac{216x}{24} = \frac{2160}{24} - \frac{12x}{24} + \frac{20x}{24}$$

$$18 + 14x - 20 + 216x = 2160 - 12x + 20x$$

$$14x + 216x + 12x - 20x = 2160 - 18 + 20$$
$$222x = 2162$$

$$x = \frac{2162}{222} = \frac{1081}{111} = 9 + \frac{82}{111}$$

N. B. On doit remarquer qu'on pourrait aussi bien transposer les inconnues dans le second membre, et les connues dans le premier pour déterminer la valeur de x.

Ex. $5x + 6 = 7x - 8 \quad 6 + 8 = 7x - 5x \quad 14 = 2x$

$\frac{14}{2} = 7 = x \quad$ donc $\quad x = 7$

CHAPITRE III.

Des règles du calcul algébrique.

D'après ce qui précède, on voit que pour traiter les équations il faut souvent effectuer des calculs sur des quantités dont on ne connaît pas encore la valeur, et qui, pour plus de commodité, sont représentées par les lettres de l'alphabet. Nous croyons donc indispensable d'expliquer ici les règles de ce nouveau genre de calcul.

ADDITION.

L'addition est représentée par le signe $+$ (plus). Ainsi, pour indiquer l'addition de a avec b, on écrira $a + b$, qui se prononce a plus b. De même, $a + b + c + d + e$ représente l'addition des cinq quantités a, b, c, d, e.

On remarquera que la valeur de la somme est indépendante de l'ordre dans lequel on effectue toutes ces opérations. Ainsi $a + b + c$, $a + c$

$+b$, $b+a+c$, etc., sont toutes des quantités égales. Ce qu'on écrit :

$$a+b+c = a+c+b = b+a+c = \text{etc.}$$

Chacune des quantités qui composent cette somme s'appelle un terme. S'il y a un seul terme a, l'expression s'appelle un *monome* (1), s'il y a deux termes $a+b$, *binome*; trois termes $a+b+c$, *trinome*, et un nombre de termes plus grand que deux, un *polynome*.

Si tous les termes d'un polynome sont égaux, $a+a+a$ par exemple, on écrit pour abréger $3a$. Le nombre 3 ainsi placé à gauche de la lettre a, et qui indique combien de fois elle est répétée, s'appelle *coefficient*. Dans $27b$ ou 27 fois b, 27 est le coefficient de b.

Il est clair aussi que le polynome

$$27a+3b+5a+7a+9b+18b$$

peut se simplifier; car $27a$, $5a$ et $7a$ font $39a$, et d'autre part $3b$, $9b$, $18b$ font $30b$, ainsi le polynome ci-dessus revient à $39a+30b$.

L'opération que nous venons d'effectuer s'appelle la réduction algébrique : elle consiste à ajouter les coefficients des termes semblables, sans rien changer à la lettre qui s'y trouve. On voit aussi que deux termes sont semblables lorsqu'ils ne diffèrent que par le coefficient.

(1) Nous ferons remarquer, une fois pour toutes, que, dans les mots *monome*, *binome*, etc., nous ne mettons pas l'accent circonflexe sur la syllabe *no*, contrairement à l'orthographe usuelle; car celle-ci est en désaccord avec l'étymologie νομή (partie), dans lequel la première est essentiellement brève.

SOUSTRACTION.

La soustraction est représentée par le signe —
(moins). Ainsi $a - b$ signifie a moins b; et cela
veut dire que de a on retranche b.

Si de $25a$ on voulait retrancher $3a$, on voit
qu'il resterait $22a$, $25a - 3a = 22a$.

La réduction donc encore ici ne porte que sur
les coefficients des termes semblables, sans altérer aucunement la lettre.

Un polynome proposé peut renfermer des termes soustractifs aussi bien qu'additifs; ainsi $a - b$
est un binome comme $a + b$, $a - b + c$ est un
trinome, etc.

Supposons un polynome renfermant des termes
semblables, additifs et soustractifs:

$$a + 15b + 7b - 18b$$

Il est évident que je ferai la somme des deux termes additifs $15b$ et $7b$ ce qui me donne $22b$, et que
j'en ôterai $18b$, il me reste ainsi $4b$, et le polynome réduit est:

$$a + 4b.$$

Nous ferons ici la même remarque que pour
l'addition; l'ordre des termes est indifférent.

$$a + 15b + 7b - 18b = a + 15b - 18b +$$
$$+ 7b = 15b + a - 18b + 7b = \text{etc.}$$

Si donc on a des termes semblables, on réunira
en un seul tous les termes additifs, et en un seul
tous les termes soustractifs; si ces deux termes
sont égaux, ils se détruisent, car il est bien évident que $a - a = 0$.

Dans le cas où ils ne se détruiraient pas, examinons ce qui arrive.

1° Tous les termes sont additifs :

$$a + 18b + 5b + 7b = a + 30b.$$

2° Tous les termes sont soustractifs :

$$(1) \quad a - 18b - 5b - 7b = a - 30b.$$

Ce résultat est évident ; car si de a on retranche $18b$ puis $5b$ puis $7b$, cela revient évidemment à ôter d'un seul coup $30b$, au lieu de l'ôter en détail.

$$3° \quad a + 18b - 5b = a + 13b.$$

Ce résultat est encore évident ; car ajouter $18b$ pour en ôter 5 ensuite, cela revient à n'ajouter que la différence entre 18 et 5, c'est-à-dire $13b$.

$$4° \quad a - 18b + 5b = a + 5b - 18b = a - 13b.$$

En effet, puisqu'on retranche plus que l'on n'ajoute, on diminue la quantité a ; mais comme on ôte d'abord pour rajouter moins que l'on n'a ôté, il résulte en définitive que l'on retranche la différence entre 18 et 5 c'est-à-dire $13b$.

En résumé quatre cas se présentent : dans le premier et dans le deuxième, tous les termes sont de même signe ; dans ces deux cas on ajoute les coef-

_____

(1) Il est bien entendu que a est plus grand que $30b$, sans quoi la soustraction ne serait pas possible. Nous supposerons toujours qu'elle peut s'effectuer.

$A > B$ signifie A *plus grand que* B, $A < B$, A *plus petit que* B.

ficients et on conserve à la somme le signe de chaque terme.

Dans le troisième et le quatrième cas, les deux termes sont de signes différents : alors on a tout simplement pris la différence des deux coefficients et conservé au reste le signe du plus fort des deux termes.

Un terme précédé du signe $+$ est dit *positif*.

Un terme précédé du signe $-$ est dit *négatif*.

Pour ajouter deux polynomes renfermant des termes positifs et des termes négatifs, il suffit de les écrire l'un à la suite de l'autre avec leur signes ; ainsi la somme des polynomes $a + b - c$ et $d - e + f - g$ sera évidemment

$$a + b - c + d - e + f - g.$$

Nous ferons là-dessus une remarque fort importante. On dit en algèbre pour abréger le discours que avec a on a ajouté $+ b$ puis $- c$ puis $+ d$ etc., en sorte que, ajouter a avec $- b$ par exemple, ce qui fait $a - b$, signifie une véritable soustraction. L'addition en algèbre n'est véritablement qu'une simple juxta-position de termes sans rien changer aux signes ; en sorte que cette addition souvent produit une réelle diminution. Aussi, pour en distinguer le résultat de celui de l'arithmétique, on lui donne le nom de *somme algébrique*.

Proposons-nous maintenant de soustraire un polynome d'un autre : par exemple, de A ôtons $a + b$; il est de toute évidence que le résultat est $A - a - b$; car si de A je n'ôtais que a tout seul, il resterait A — *a* ; or ce reste serait évidemment trop fort de la quantité *b*, puisque je n'ai ôté que *a*, tandis qu'il me fallait ôter *a* + *b* : donc, pour que le résultat soit exact, il me faut encore ôter *b*, ce qui me donne A — *a* — *b*.

Si de A je voulais ôter *a* — *b*, je procéderais toujours de même ; si je n'ôte que *a*, j'ai A — *a*, résultat trop faible puisque j'ai trop ôté, car j'ai ôté *a*, tandis qu'il ne fallait ôter que l'excès de *a* sur *b* ; donc, pour que le résultat soit exact, il faut au premier résultat trop faible ajouter *b*, ce qui donne A — *a* + *b*.

Ainsi, pour retrancher un polynôme d'un autre, il suffit d'écrire le polynôme qu'on veut soustraire à la suite de l'autre, en ayant soin de changer les signes de tous ses termes.

MULTIPLICATION.

Le signe de la multiplication est × (multiplié par). Ainsi *a* × *b* signifie *a* multiplié par *b* ; on écrit aussi *a* . *b*, ou bien encore tout simplement *a b*. Ainsi, *a b c d* signifie qu'il faut faire le produit des quatre quantités *a*, *b*, *c* et *d*.

Lorsque toutes les quantités qui composent un pareil produit sont égales, pour s'épargner la peine d'écrire ainsi plusieurs fois la lettre *aaaa*, on emploie une notation fort ingénieuse, imaginée par Descartes : on n'écrit qu'une seule fois la lettre, en ayant soin de placer à sa droite et vers le haut un chiffre qui indique combien de fois elle devrait être écrite.

Au lieu de *aa*   on écrit a^2
      aaa a^3
      aaaa a^4
      aaaaa a^5
      etc.   etc.

Ce chiffre s'appelle *exposant*; on doit bien se garder de le confondre avec le coefficient.

Ces divers produits s'appellent les puissances du nombre *a*.

Ainsi a^1 est la première puissance,
      a^2 deuxième ou le carré de *a*,
      a^3 troisième ou le cube,
      a^4 quatrième,
      a^5 cinquième,
      etc.   etc.

Par exemple, l'expression $5a^2 b^3 c^4 d$ ne signifie pas autre chose que

$$5 \times a \times a \times b \times b \times b \times c \times c \times c \times c \times d$$

5 est le coefficient; 2, 3, 4, sont les exposants. Une pareille expression, où n'entrent pas les signes $+$ ou $-$, s'appelle encore un terme. On appelle *degré* le nombre de facteurs littéraux qui entrent dans un terme; le degré de celui-ci est 10, car le facteur *a* entre 2 fois; *b* 3 fois, *c* 4 fois; *d* 1 fois, et $2 + 3 + 4 + 1 = 10$.

Ainsi le degré se connaît en faisant la somme des exposants des différentes lettres et en regardant comme égal à 1 l'exposant des lettres qui n'en sont point affectées, comme ici la lettre *d*.

Nous entendons toujours par termes semblables ceux qui ne diffèrent que par le coefficient. Ainsi

$5a^2\,b^3\,c^4\,d$ et $7a^2\,b^3\,c^4\,d$, sont deux termes semblables ; le terme $5a^3\,b^2\,c\,d^4$ ne leur serait pas sembla-
ble. On voit donc que, quand deux termes sont
semblables, ils se composent des mêmes lettres,
chacune respectivement affectée du même exposant dans ces deux termes.

Proposons-nous de multiplier $5a^2\,b^3\,c^4\,d$ par
$7a^3\,b^2\,c^5\,d^3$; le produit sera $5a^2\,b^3\,c^4\,d\,7a^3\,b^2\,c^5\,d^3$.
Or, on sait qu'on peut dans un produit interver-
tir l'ordre des facteurs ; on peut donc mettre ce
résultat sous la forme $5 \times 7\,a^2\,a^3\,b^3\,b^2\,c^4\,c^5\,d\,d^3$.

$$or\ 5 \times 7 = 3\,5, \quad a^2.\ a^3 = aa.\ aaa = a^{2+3} = a^5$$
$$b^3.\ b^2 = bbb.\ bb = b^{3+2} = b^5$$
$$c^4.\ c^5 = cccc.\ ccccc = c^{4+5} = c^9$$
$$d.\ d^3 = d.\ ddd = d^{1+3} = d^4$$

et le produit, effectué autant que possible, est
$35\,a^5\,b^5\,c^9\,d^4$. On voit que pour multiplier deux
lettres semblables affectées d'exposants, il faut
ajouter les exposants :

$$a^4 \times a^5 = a^{4+5}$$

Jusqu'ici nous n'avons multiplié que des termes
isolés. Proposons-nous de multiplier des polynomes.

Et d'abord, soit $a - b + c$ à multiplier par d.

Supposons en premier lieu que d soit un nombre entier, par exemple 3.

Multiplier $a - b + c$ par d, c'est écrire d fois
ce polynome :

$$\overline{a - b + c} + \overline{a - b + c} + \overline{a - b + c} +,\ \text{etc.}$$

Or, d'après les règles de la réduction, a étant

répété d fois, ainsi que le terme négatif $- b$ et le terme positif $+ c$, la somme sera $ad - bd + cd$. Donc $(a - b + c) \times d = ad - bd + cd$.

Ainsi, pour multiplier un polynome par un monome, il suffit de multiplier par ce monome chacun des termes du polynome, sans rien changer à leurs signes.

Supposons maintenant que d soit une fraction, par exemple $\frac{3}{4}$.

On sait que, multiplier une quantité par $\frac{3}{4}$, cela signifie prendre les trois quarts de la quantité, c'est-à-dire en prendre d'abord le quart, puis le répéter trois fois. Or, il est bien clair que, pour prendre le quart d'une quantité composée, il faut prendre le quart de chacune des parties qui la composent; ainsi, le quart de $a - b + c$ sera $\dfrac{a}{4} - \dfrac{b}{4} + \dfrac{c}{4}$ et si cette quantité est répétée trois fois on aura $\dfrac{3a}{4} - \dfrac{3b}{4} + \dfrac{3c}{4}$ ou encore $ad - bd + cd$, c'est-à-dire que la règle est encore la même dans le cas où le multiplicateur est fractionnaire que dans celui où il est entier.

Soit maintenant à multiplier un polynome par un autre : $(a - b + c) \times (d - e + f)$

Cela signifie qu'il faut prendre d fois le multiplicande, en retrancher e fois ce même multiplicande, puis y ajouter f fois le multiplicande. Donc :

$$(a - b + c)(d - e + f) = (a - b + c)d -$$
$$- (a - b + c)e + (a - b + c)f$$
$$= (ad - bd + cd) - (ae - be + ce) +$$
$$+ (af - bf + cf)$$

Et d'après les règles de l'addition et de la soustraction, ce résultat revient à

$$ad - bd + cd - ae + be - ce + af - bf + cf.$$

En examinant attentivement ce résultat, on remarque sans peine les deux règles suivantes :

1° Quand deux termes ont devant eux le même signe, leur produit est positif.

2° Quand deux termes sont de signes contraires, leur produit est négatif.

Ainsi, c et f sont tous deux positifs, le produit cf l'est aussi ; b et e sont tous deux négatifs, leur produit be est positif ; b et f sont, l'un positif, l'autre négatif, leur produit bf est négatif.

On dispose ordinairement l'opération de la manière suivante :

$$\begin{array}{r} a - b + c \\ d - e + f \\ \hline ad - bd + cd \\ - ae + be - ce \\ + af - bf + cf \\ \hline ad - bd - ae + cd + be + af - ce - bf + cf \end{array}$$

S'il y avait eu au produit des termes semblables, on aurait effectué les réductions.

— 25 —

Prenons un exemple.

$$\begin{array}{l}
5a^4 \;-\; 7a^3\,b \;+\; 8a^2\,b^2 \;+\; 4a\,b^3 \;-\; b^4 \\
2a^3 \;-\; 8a^2\,b \;-\; 9a\,b^2 \;+\; 12b^3 \\
\hline
10a^7 \;-\; 14a^6\,b \;+\; 16a^5\,b^2 \;+\; 8a^4\,b^3 \;-\; 2a^3\,b^4 \\
\qquad -\; 40a^6\,b \;+\; 56a^5\,b^2 \;-\; 64a^4\,b^3 \;-\; 32a^3\,b^4 \;+\; 8a^2\,b^5 \\
\qquad\qquad\qquad -\; 45a^5\,b^2 \;+\; 63a^4\,b^3 \;-\; 72a^3\,b^4 \;-\; 36a^2\,b^5 \;+\; 9ab^6 \\
\qquad\qquad\qquad\qquad\qquad\qquad +\; 60a^4\,b^3 \;-\; 84a^3\,b^4 \;+\; 96a^2\,b^5 \;+\; 48ab^6 \;-\; 12b^7 \\
\hline
10a^7 \;-\; 54a^6\,b \;+\; 27a^5\,b^2 \;+\; 67\,a^4b^3 \;-\; 190a^3\,b^4 \;+\; 68a^2\,b^5 \;+\; 57ab^6 \;-\; 12b^7
\end{array}$$

L'opération s'écrit encore sous la forme suivante, qui est plus simple :

$$\begin{array}{l}
5a^4 \;-\; 7a^3\,b \;+\; 8a^2\,b^2 \;+\; 4\,ab^3 \;-\; b^4 \\
2a^3 \;-\; 8a^2\,b \;-\; 9ab^2 \;+\; 12\,b^3 \\
\hline
10a^7 \;-\; 14\,|a^6\,b \;+\; 16\,|a^5\,b^2 \;+\; 8\,|a^4\,b^3 \;-\; 2\,|a^3\,b^4 \\
\qquad -\; 40\,| \qquad\quad +\; 56\,| \qquad\quad -\; 64\,| \qquad\quad -\; 32\,| \qquad +\; 8\,|a^2\,b^5 \\
\qquad\qquad\qquad\quad -\; 45\,| \qquad\quad +\; 63\,| \qquad\quad -\; 72\,| \qquad -\; 36\,| \qquad +\; 9\,|ab^6 \\
\qquad\qquad\qquad\qquad\qquad\qquad +\; 60\,| \qquad\quad -\; 84\,| \qquad +\; 96\,| \qquad +\; 48\,| \qquad -\; 12\,b^7 \\
\hline
10\,a^7 \;-\; 54\,a^6\,b \;+\; 27\,a^5\,b^2 \;+\; 67\,a^4\,b^3 \;-\; 190\,a^3\,b^4 \;+\; 68\,a^2\,b^5 \;+\; 57\,ab^6 \;-\; 12\,b^7
\end{array}$$

Nous devons consigner ici trois produits remarquables dont nous aurons plus tard occasion de faire un fréquent usage :

1° Le carré de $a + b$

$$
\begin{array}{r}
a + b \\
a + b \\
\hline
a^2 + ab \\
+ ba + b^2 \\
\hline
a^2 + 2ab + b^2
\end{array}
$$

$$(a + b)^2 = a^2 + 2ab + b^2$$

Ce qui se traduit ainsi en langue vulgaire : le carré de la somme de deux quantités se compose de la somme des carrés de ces deux quantités et de leur double produit ;

2° Le carré de $a - b$

$$
\begin{array}{r}
a - b \\
a - b \\
\hline
a^2 - ab \\
- ab + b^2 \\
\hline
a^2 - 2ab + b^2
\end{array}
$$

$$(a - b)^2 = a^2 - 2ab + b^2$$

Ainsi le carré de la différence de deux quantités est égal à la somme de leurs carrés diminuée de leur double produit ;

3° Le produit de $a + b$ par $a - b$

$$
\begin{array}{r}
a + b \\
a - b \\
\hline
a^2 + ab \\
- ab - b^2 \\
\hline
a^2 \quad - b^2
\end{array}
$$

$$(a + b)(a - b) = a^2 - b^2$$

Le produit de la somme par la différence de deux quantités est égal à la différence de leurs carrés.

DIVISION.

Le signe de la division est — (divisé par) : ainsi $\dfrac{a}{b}$ signifie a divisé par b, qu'on prononce aussi, pour abréger, a sur b.

Supposons qu'il s'agisse de diviser $25\,a^7\,b^3\,c^4$ par $5a^4\,b^2\,c^3$:

La division s'écrira $\dfrac{25a^7\,b^3\,c^4}{5a^4\,b^2\,c^3}$. Or le numérateur et le dénominateur 25 et 5 peuvent tous deux se diviser par 5.

$$\frac{25}{5} = 5$$

$$\frac{a^7}{a^4} = \frac{aaaaaaa}{aaaa} = a^3 = a^{7-4}$$

$$\frac{b^3}{b^2} = \frac{bbb}{bb} = b = b^{3-2}$$

$$\frac{c^4}{c^3} = \frac{cccc}{ccc} = c = c^{4-3}$$

donc

$$\frac{25a^7\,b^3\,c^4}{5a^4\,b^2\,c^3} = 5\,a^3\,bc$$

On voit donc qu'il faut diviser les coefficients et soustraire les exposants

$$\frac{a^{10}}{a^7} = a^3 = a^{10-7}$$

C'est l'inverse de la multiplication, où il fallait additionner les exposants.

Supposons qu'on veuille diviser a^5 par a^7.

Le quotient sera

$$\frac{a^5}{a^7} = \frac{aaaaa}{aaaaaaa} = \frac{1}{aa} = \frac{1}{a^2}$$

Or, comme nous avons vu qu'il fallait, pour effectuer la division, soustraire l'exposant du diviseur de celui du dividende, il faudrait soustraire 7 de 5, et l'on aurait $\dfrac{a^5}{a^7} = a^{5-7}$, expression qui n'a aucun sens, car on ne peut retrancher 7 de 5. Cependant, en remarquant que 7 se compose de $5 + 2$, les 5 se détruisent, et il resterait encore 2 à retrancher : on convient de l'écrire ainsi -2, et de regarder a^{-2} comme signifiant la même chose que $\dfrac{a^5}{a^7} = \dfrac{1}{a^2}$

Ainsi, d'après cette convention, une quantité portant un exposant négatif est un symbole nouveau qui ne représente pas autre chose qu'une fraction dont le numérateur serait l'unité et le dénominateur la même quantité, mais affectée du même exposant, devenu positif.

Par conséquent

$$a^{-1} = \frac{1}{a} \qquad a^{-2} = \frac{1}{a^2} \qquad a^{-m} = \frac{1}{a^m}$$

Par suite aussi a^0 ne signifie pas autre chose que l'unité, car

$$\frac{a_k}{a^k} = a^{k-k} = a^0 = 1$$

Examinons si les règles de la multiplication et de la division pourront s'appliquer aux exposants négatifs.

1° $$a^m \times a^{-n}$$

ceci revient à

$$a^m \times \frac{1}{a^n} = \frac{a^m}{a^n} = a^{m-n}$$

On voit donc qu'en effet les deux exposants se sont ajoutés dans le sens algébrique de ce mot.

2° a^m divisé par a^{-n}, c'est la même chose que a^m divisé $\frac{1}{a^n}$ ce qui donne $a^m \times a^n = a^{m+n}$

Ainsi les deux exposants se sont retranchés algébriquement, car le second a changé de signe.

Nous dirons donc que, quels que soient les exposants, positifs ou négatifs, la multiplication se fait par l'addition des exposants, et la division par la soustraction des exposants.

Soit à élever a^n à la puissance k par exemple.

2.

On sait que $(a^n)^k = a^n . a^n . a^n \ldots k$ fois $= a^{n+n\ldots k \text{ fois}} = a^{kn}$.

Donc pour élever à une puissance k une quantité déjà affectée d'un exposant (positif ou négatif) il faut multiplier cet exposant par l'indice k de la puissance.

Si au contraire on veut extraire la racine k, d'une quantité affectée d'un exposant, on fera l'inverse, on divisera l'exposant.

Ainsi

$$\sqrt[4]{a^{12}} = a^{\frac{12}{4}} = a^3.$$

Cette notation, qui n'a de sens que dans le cas où le quotient se fait sans reste, a été employée par Newton même dans un cas quelconque.

Ainsi au lieu de $\sqrt[3]{a^2}$ il convient d'écrire $a^{\frac{2}{3}}$; par exemple $a^{\frac{m}{n}}$ signifie la même chose que

$$\sqrt[n]{a^m} \text{ ou racine } n^{me} \text{ de } a^m \quad (1).$$

Il est aisé de comprendre que les règles de multiplication et de division trouvées pour les exposants entiers s'appliquent pareillement aux exposants fractionnaires.

$$\text{Soit } a^{\frac{m}{n}} \times a^{\frac{p}{q}}$$

Je pose pour plus de commodité :

$$a^{\frac{m}{n}} = y \qquad a^{\frac{p}{q}} = z$$

(1) Cela se prononce: racine *ennième* de : (*a* puissance *m*.)

d'où $\qquad a^m = y^n \qquad a^p = z^q$

Élevons la 1re à la puissance q, la 2e à la puissance n,

$$a^{mq} = y^{nq} \qquad a^{pn} = z^{nq}$$

D'où en multipliant

$$a^{mq+pn} = y^{nq} z^{nq} = (yz)^{nq}$$

et en extrayant la racine nq des deux quantités, on a pour valeur du produit cherché :

$$yz = a^{\frac{mq+np}{nq}} = a^{\frac{m}{n} + \frac{p}{q}}$$

Nous n'entrerons pas dans le détail de la division des polynomes ; nous démontrerons seulement quelques principes qui nous seront utiles par la suite.

1° $a^m - b^m$ est divisible exactement par $a - b$ quand l'exposant m est entier et positif, et le quotient est :

$$a^{m-1} + ba^{m-2} + b^2 a^{m-3} \ldots + b^{m-2}a + b^{m-1}$$

et dans chaque terme la somme des exposants est $m-1$, le nombre total des termes est égal à m.

On peut le prouver directement en effectuant la division ; mais nous préférons le montrer *à posteriori* en faisant voir que cette quantité que nous venons d'écrire, étant multipliée par le diviseur $a - b$, doit reproduire le dividende $a^m - b^m$.

$$a^{m-1} + ba^{m-2} \ldots + b^{m-2}a + b^{m-1}$$
$$a - b$$

$$a^m + ba^{m-1} \ldots + b^{m-2}a^2 + b^{m-1}a$$
$$- ba^{m-1} \ldots \qquad - b^{m-1}a - b^m$$

$$a^m \qquad\qquad\qquad - b^m$$

On voit que les termes des deux lignes se détruisent deux à deux, excepté les deux extrêmes.

2° Soit un polynome $A x^m + B x^{m-1} + C x^{m-2} \ldots + P x + Q$ ordonné par rapport aux puissances décroissantes de la lettre x; je dis que, s'il devient zéro lorsqu'on y remplace x par une valeur particulière a, il sera exactement divisible par $x - a$.

En effet, par hypothèse $A a^m + B a^{m-1} \ldots \ldots + P a + Q$ est nul; on peut donc retrancher cette quantité du polynome sans en altérer la valeur; ce qui donne :

$$A (x^m - a^m) + B (x^{m-1} - a^{m-1}) \ldots \ldots + P (x - a)$$

Or, d'après le premier principe, chacun des termes de ce polynome est divisible par $x - a$, donc le polynome lui-même est divisible par $x - a$.

CHAPITRE IV.

Remarque importante sur la réduction des termes semblables.

Supposons l'expression $8 - 7 + 5 - 9 + 14$.

D'après les règles connues on fera la somme des quantités positives $8 + 5 + 14 = 27$, puis la somme des négatives $7 + 9 = 16$; or en retranchant la seconde de la première, on a pour valeur cherchée $27 - 16 = 11$.

On peut aussi procéder autrement : en disant $8 - 7 = 1$, $1 + 5 = 6$; $6 - 9$ cela ne se peut;

mais de 6 on peut toujours ôter 6, et il reste alors
encore 3 à retrancher ; ce qu'on convient d'écrire
ainsi — 3 , qui, ajoutés à 14, donneront — 3
$+ 14 = 14 — 3 = 11.$

CHAPITRE V.

Sur la mise en équation des problèmes. — Application à quelques exemples.

Pour mettre un problème en équation, on commence par étudier avec attention la question ; on
représente les inconnues par les dernières lettres
de l'alphabet $x, y, z...$, puis on agit comme si tout
était connu, et comme si l'on voulait faire la
preuve de l'opération.

Ex. 1. — L'âge d'un père est le quadruple de
celui de son fils, et dans cinq ans il n'en sera plus
que le triple. On demande quel est l'âge actuel de
chacun des deux.

Désignons par x l'âge du fils ; celui du père, qui
est quadruple, sera donc $4x$; dans 5 ans le fils
aura un âge représenté par $x + 5$, et le père par
$4x + 5$. Si tout était connu, pour savoir si l'âge
du père est bien devenu triple de celui de son fils,
nous multiplierions par 3 l'âge $x + 5$ du fils ; ce
qui fait $3x + 15$, et il faudrait que cette quantité
fût égale à l'âge $4x + 5$ du père ; il faut donc
que la valeur de x soit telle que l'on ait :

$$4x + 5 = 3x + 15.$$

D'après les règles posées ci-dessus pour la ré-

solution des équations, celle-ci se transforme en
$$4x - 3x = 15 - 5 \; ; \text{d'où } x = 10.$$

Ainsi le fils a 10 ans, par conséquent le père en a 40. Dans 5 ans le fils aura 15 ans et le père 45 ; et l'on voit bien que 3 fois 15 font 45, donc le problème est résolu.

Ex. 2. — Une femme porte au marché un certain nombre d'œufs. A une 1re personne elle en vend la moitié plus la moitié d'un œuf ; à une 2e personne, la moitié de son reste et la moitié d'un œuf ; à une 3e personne, la moitié de son nouveau reste et la moitié d'un œuf, et il lui reste enfin un œuf. On demande combien elle en avait apporté au marché et combien elle en a vendu à chacune des trois personnes.

Désignons par x le nombre d'œufs inconnu qu'elle a apporté au marché.

Elle vend à la première personne la moitié, c'est-à-dire $\dfrac{x}{2}$, plus la moitié d'un œuf ; donc elle vend

$$\frac{x}{2} + \frac{1}{2} = \frac{x+1}{2}$$

il lui reste alors

$$x - \frac{x}{2} - \frac{1}{2} = \frac{x}{2} - \frac{1}{2} = \frac{x-1}{2}$$

A la deuxième personne la moitié de ce reste, c'est-à-dire $\dfrac{x-1}{4}$, plus la moitié d'un œuf ;

donc elle vend

$$\frac{x-1}{4} + \frac{1}{2} = \frac{x+1}{4}$$

et son deuxième reste est

$$\frac{x-1}{2} - \frac{x+1}{4} = \frac{2x-2}{4} -$$

$$- \frac{x+1}{4} = \frac{x-3}{4}$$

A la troisième personne elle vend la moitié de ce reste, c'est-à-dire $\frac{x-3}{8}$, plus la moitié d'un œuf; donc elle vend

$$\frac{x-3}{8} + \frac{1}{2} = \frac{x+1}{8}$$

et son troisième reste est

$$\frac{x-3}{4} - \frac{x+1}{8} = \frac{2x-6}{8} -$$

$$- \frac{x+1}{8} = \frac{x-7}{8}$$

Or, d'après l'énoncé même de la question, ce troisième reste est égal à un œuf; il faut donc trouver pour x une valeur telle que l'on ait

$$\frac{x - 7}{8} = 1$$

d'où, en chassant le dénominateur,

$$x - 7 = 8 \qquad x = 8 + 7 = 15.$$

Elle avait donc 15 œufs. Elle vend à la 1re personne la moitié 7 1/2 + la moitié d'un œuf, ce qui fait 8 œufs.

Alors il lui en reste 7. Elle vend à la 2e personne la moitié 3 1/2 plus la moitié d'un œuf, ce qui fait 4 œufs.

Alors il lui en reste 3. Elle vend à la 3e la moitié 1 1/2 plus la moitié d'un œuf, c'est-à-dire 2 œufs.

Enfin il lui en reste 1.

Elle a donc vendu 8 + 4 + 2 = 14 œufs, et 1 qui lui reste; cela fait bien en tout les 15 œufs qu'elle avait apportés. Donc le problème est encore résolu.

CHAPITRE VI.

Des quantités négatives.

1° Soit un vase contenant un nombre A de litres d'eau, et supposons qu'une fontaine qui alimente ce vase lui fournisse b litres par minute; au bout de 1' la quantité de liquide sera devenue A + b, au bout de 2', A + 2b, au bout de 3',

A $+$ 3 b, et en général au bout d'un nombre t de minutes la quantité de liquide sera

$$x = A + bt.$$

2° Supposons qu'au lieu d'une fontaine qui alimente le vase, il y ait un robinet qui l'épuise et qui en vide 6 litres par minute ; évidemment la quantité x d'eau contenue dans le vase après t minutes sera

$$x = A - bt.$$

On voit qu'ici nous devons employer deux formules pour exprimer les deux manières d'être du courant d'eau, selon qu'il tend à augmenter ou à diminuer la capacité du vase. Or ces deux formules ne diffèrent que par le signe du second terme, qui est $+$ dans un cas et $-$ dans l'autre.

On peut à l'aide d'une convention très-simple ramener ces deux formules à une seule. En effet, si on convient de regarder la quantité d'eau b qui circule par minute comme positive lorsqu'elle tend à accroître l'eau du vase, et comme négative dans le cas contraire, on n'aura plus pour représenter l'état du vase après le temps t que la seule formule

$$x = A + bt$$

dans laquelle b prend de soi-même le signe $+$ s'il tend à augmenter, et le signe $-$ s'il tend à diminuer ; et dans ce cas, le produit de cette quantité négative $-b$ par le temps t, qui est une quantité essentiellement positive, donne $-bt$; résultat qui s'accorde avec les règles de la multiplication démontrées pour les polynômes.

3

Il y a plus, le temps t peut lui-même, par suite de la même convention, être affecté tantôt du signe $+$ et tantôt du signe $-$.

En effet, nous avons considéré un temps postérieur à l'époque où le vase contenait A litres d'eau; considérons au contraire un temps antérieur.

3° Le vase contenant actuellement A litres, que contenait-il t minutes avant?

$1'$ avant, $A - b$; $2'$ avant, $A - 2b$; t' avant, $A - bt$. Ainsi

$$x = A - bt$$

4° Supposons que le vase se vide. Il contient actuellement A; donc $1'$ avant il contenait $A + b$; $2'$ avant, $A + 2b$; $3'$ avant, $A + 3b$ .... t' avant, $A + bt$. Donc

$$x = A + bt.$$

Ainsi, en prenant le temps comme négatif quand il faut le retrancher du temps écoulé, et comme positif quand il doit s'ajouter à ce même temps, les quatre formules rentrent dans une seule:

$$x = A + bt$$

Si le temps t est antérieur à l'époque actuelle, le vase s'emplissant, b est positif, mais t est négatif, et la formule devient

$$A - bt$$

Le produit de $+ b$ par $- t$ se trouve donc égal à $- bt$. Si le temps est toujours antérieur, et que le vase se vide, b est négatif et t aussi, et la formule devient:

$$A + bt$$

Le produit de $- b$ par $- t$ se trouve être $+ bt$.

Tous ces résultats étant conformes à ceux qu'on a déjà trouvés pour la multiplication des polynomes, nous pourrons encore appliquer les mêmes règles au calcul des monomes isolés affectés des signes $+$ et $-$.

La convention que nous venons de faire ne s'applique pas seulement au problème particulier que nous avons considéré. Toute quantité en général peut varier et passer par différents états de grandeur en croissant ou en décroissant à partir d'une valeur fixe; elle peut donc être regardée comme susceptible de deux modes divers d'existence selon qu'elle tend à croître ou à décroître. Dans les deux cas, les formules ne diffèrent jamais que par le signe de cette quantité; en sorte qu'on pourra ramener toutes les formules à un type unique et embrasser tous les cas dans le calcul d'un seul, pourvu que l'on regarde comme *positive* la quantité dans le premier état, et comme *négative* dans le second. Ce premier état est dit *état positif*, et le second *état négatif* de la quantité. Par exemple, si je dis qu'un homme reçoit $+ 100$ fr., cela signifie algébriquement que sa fortune s'est accrue réellement de 100 fr.; si je dis qu'il reçoit $- 100$ fr., cela signifiera que sa fortune a diminué de 100 fr.

Si je dis qu'un événement est arrivé en l'année $+ 425$, cela veut dire qu'il s'est accompli 425 ans après Jésus-Christ, et si je dis qu'un événement est arrivé en l'année — 425, cela signifie qu'il s'est accompli 425 ans avant Jésus-Christ.

Appliquons ces conventions à un problème bien connu, le problème des courriers.

$$X \ \underset{A}{\rule{3cm}{0.4pt}} \underset{B}{\rule{3cm}{0.4pt}} \rule{3cm}{0.4pt} \ Y$$

Deux courriers se meuvent sur la ligne XY, tous deux dans le même sens, de X vers Y. Ils arrivent tous deux à la même époque, l'un en A, l'autre en B, séparés par une distance égale à d kilomètres. La vitesse de celui qui se trouve en A est représentée par v (c'est-à-dire qu'il fait v kil. par heure), celle du courrier en B est représentée par u.

On demande :

1° Au bout de combien de temps se rencontreront-ils (on compte le temps à partir de l'époque où tous deux partent simultanément de A et de B) ?

2° A quelle distance de A ou de B se fera la rencontre ?

Soit x le temps inconnu après lequel aura lieu la rencontre ; en une heure le courrier A fait v kil. et le courrier B en fait u ; donc A gagne sur B dans une heure $v - u$ kil. Pour gagner un seul kil. il lui faut donc $v - u$ fois moins de temps, c'est-à-dire $\dfrac{1}{v - u}$, et enfin pour regagner les d kil. qui les séparent, il lui faudra un temps d fois plus fort, c'est-à-dire $\dfrac{d}{v - u}$; donc

$$x = \frac{d}{v - u}$$

Le premier courrier, qui dans une heure fait v kil., en fera dans l'espace de x heures x fois plus, c'est-à-dire $\dfrac{dv}{v - u}$, et le second $\dfrac{du}{v - u}$.

Ainsi la distance du point de rencontre au point A est $y = \dfrac{dv}{v - u}$, et au point B, $z = \dfrac{du}{v - u}$.

Prenons des nombres. Soit la distance $d =$ 60 kil; la vitesse du courrier A, $v = 5$ kil., et celle du courrier B, $u = 2$ kil.; alors la rencontre aura lieu après le temps

$$x = \frac{60}{5 - 2} = 20 \text{ heures,}$$

et les deux distances aux points A et B seront

$$y = \frac{60.5}{5 - 2} = 100 \text{ k.} \quad z = \frac{60.2}{5 - 2} = 40 \text{ k.}$$

Supposons maintenant que, la distance étant toujours 60 kil., la vitesse du courrier A soit $v = 2$ kil., et celle du courrier B, $u = 5$ kil.; alors la rencontre aura lieu après le temps

$$x = \frac{60}{2 - 5} = \frac{60}{-3} = -20 \text{ heures.}$$

D'après notre convention, cette réponse signifie que la rencontre n'aura pas lieu dans l'avenir, mais qu'elle a eu lieu vingt heures avant que les courriers fussent arrivés en A et en B.

Et en effet cela est évident; car la vitesse du courrier A étant plus petite que celle du courrier B, il ne peut l'atteindre; il a dû le rencontrer avant qu'ils fussent arrivés en A et en B.

Même remarque pour les distances:

$$y = \frac{60.2}{2-5} = -40 \qquad z = \frac{60.5}{2-5} = -100$$

On verrait de même que si les vitesses avaient lieu en sens contraire des vitesses actuelles, on pourrait les regarder comme négatives. A l'aide de cette convention, la formule

$$x = \frac{d}{v-u}$$

s'applique à tous les cas possibles

$$v \text{ plus grand que } u \qquad v > u$$
$$v \text{ plus petit que } u \qquad v < u$$

et v ou u positifs ou négatifs.

Elle s'appliquerait encore si v était égal à u.

En effet, plus la différence $v - u$ diminue, plus la fraction $\dfrac{d}{v-u}$ augmente; en sorte que si $v - u$ est nul, $\dfrac{d}{v-u} = \dfrac{d}{o}$ est plus grand que toute grandeur donnée; et en effet, dans ce cas, les vitesses étant égales, il n'y a plus de point de rencontre possible; ce qu'indique d'une manière parfaitement claire le calcul, en nous faisant voir que quelque grand temps que l'on prenne, le temps après lequel a lieu la rencontre est toujours plus grand.

CHAPITRE VII.

Des problèmes à plusieurs inconnues.

Nous venons de considérer des problèmes qui ne renfermaient qu'une seule inconnue ; examinons maintenant comment il faudrait s'y prendre s'il y en avait plusieurs, et d'abord deux seulement. Dans ce cas une seule équation est insuffisante à déterminer les valeurs des inconnues. En effet, supposons que le problème nous ait conduit à l'équation unique entre deux inconnues :

$$5x + 7y = 12$$

On peut facilement tirer de là

$$x = \frac{12 - 7y}{5}$$

et l'on a ainsi la valeur d'x exprimée, comme on dit, en fonction de celle d'y. Rien ici ne détermine y ; quelque valeur arbitraire qu'on lui donne, il en résultera nécessairement une autre pour x. Si je fais $y = o$, alors $x = \frac{12}{5} = 2{,}40$

$$\text{Si je fais } y = 1 \qquad x = \frac{12 - 7}{5} = 1$$

$$y = 2 \quad x = \frac{12 - 14}{5} = \frac{-2}{5} = -0,4,$$

etc.

Puisqu'une équation est insuffisante, voyons si deux équations pourraient suffire à déterminer les valeurs des inconnues. Et d'abord je dis que si on a deux équations

$$A = B \qquad C = D$$

contenant toutes deux x et y, si on multiplie la première par une quantité m tout-à-fait arbitraire, la deuxième par n, et si on ajoute les deux équations, ce qui fait :

$$mA + nC = mB + nD$$

on aura une équation qui devra être satisfaite par les mêmes valeurs d'x et d'y qui étaient communes aux deux premières : cela est évident. Toute valeur d'x et d'y qui vérifie simultanément les deux premières équations fera que mA sera égal à mB et nC sera égal à mD.

Cela posé, soient deux équations

$$ax + by = c$$
$$a'x + b'y = c'$$

Je multiplie la première par b', la deuxième par b

$$ab'\,x + bb'\,y = cb'$$
$$ba'\,x + bb'\,y = bc'$$

et je les retranche membre à membre :

$$ab' x - ba' x = cb' - bc'$$

La dernière équation doit être satisfaite par toutes les valeurs de x et de y qui vérifient simultanément les deux premières ; or cette troisième, n'étant plus qu'à une inconnue, ne peut admettre qu'une seule valeur de x, et en admet toujours une ; donc les deux premières ne peuvent avoir qu'une seule valeur commune pour x et par suite pour y.

Ainsi deux équations sont nécessaires et suffisantes dans le cas de deux inconnues. On démontre de même que s'il y avait trois inconnues, il faudrait trois équations, et qu'en général il faudra autant d'équations que d'inconnues.

Occupons-nous de la résolution de ces équations. Il est bien clair que si l'on pouvait *éliminer* une des inconnues, on rentrerait dans le cas des équations à une inconnue que l'on sait traiter.

D'abord faisons passer dans le premier membre tous les termes contenant x et y, et dans le second tous les termes connus ; nous pourrons toujours réduire tous les x en un seul terme, ainsi que les y, et ramener l'équation à la forme-type :

$$(1) \qquad ax + by = c$$

dans laquelle a b c peuvent prendre ou le signe $+$ ou le signe $-$ selon la nature de la question.

L'autre équation sera de la forme

$$(2) \qquad a'x + b'y = c'$$

Or si les termes en y avaient même coefficient dans

les deux équations, il est clair qu'en les retranchant membre à membre, ces termes se détruiraient, et l'équation résultante ne renfermerait plus que là seule inconnue x.

Pour rendre les coefficients d'y égaux, je multiplie l'éq. (1) par b' et l'éq. (2) par b; elles deviennent ainsi

$$ab'x + bb'y = cb'$$
$$ba'x + bb'y = bc'$$

Si les deux termes en y ont tous deux même signe, une soustraction nous en débarrassera comme ici

$$ab'x - ba'x = cb' - bc'$$

ou bien $(ab' - ba')\, x = cb' - bc'$

$$x = \frac{cb' - bc'}{ab' - ba'}$$

Si tous deux avaient des signes contraires, il faudrait faire une addition.

1. Un entrepreneur a payé 105 fr. pour 17 journées de maçon et 10 journées de manœuvre; et plus tard, sans que le travail ait changé de prix, il a payé 84 fr. pour 10 journées de maçon et 17 de manœuvre. Combien gagnait par jour le maçon, combien gagnait le manœuvre?

Soit x le gain du maçon, y celui du manœuvre; 17 journées de maçon vaudront $17x$, et 10 journées de manœuvre $10y$; la somme de ces deux quantités devant faire 105 fr., on a pour première équation $17x + 10y = 105$.

Dans le deuxième cas, 10 journées de maçon payées $10x$, et 17 de manœuvre payées $17y$ étant revenues à 84 fr., nous donneront la deuxième équation $10x + 17y = 84$.

Ainsi les deux équations de la question sont :

$$17x + 10y = 105$$
$$10x + 17y = 84$$

D'après la règle, je multiplie la première par 17, la deuxième par 10, ce qui me donne :

$$289x + 170y = 1785$$
$$100x + 170y = 840$$

Je retranche, il vient :

$$189x = 945$$

d'où

$$x = \frac{945}{189} = 5.$$

Ainsi la journée du maçon est de 5 fr.

Pour avoir celle du manœuvre, reprenons les deux équations :

$$17x + 10y = 105$$
$$10x + 17y = 84$$

et éliminons x, ce qui se fera en multipliant la première par 10, la deuxième par 17 ; elles deviennent ainsi :

$$170x + 100y = 1050$$
$$170x + 289y = 1428$$

et si l'on retranche l'équation supérieure de l'inférieure, il vient :

$$189y = 378$$

$$y = \frac{378}{189} = 2.$$

et la journée du manœuvre est de 2 fr.

On peut vérifier directement sur l'énoncé que le problème est exactement résolu.

Dans le cas où la question contiendrait un nombre quelconque d'inconnues, en combinant les équations deux à deux, ainsi que nous l'avons fait, on ramènerait le problème à une équation de moins avec une inconnue de moins, et en continuant ainsi de suite, on arriverait à une seule équation ne contenant qu'une inconnue. Nous ne prendrons qu'un exemple.

Supposons qu'un problème nous ait donné les trois équations :

$$\begin{align}
(1) \qquad & 2x + y + z = 1802 \\
(2) \qquad & x + 3y + z = 2703 \\
(3) \qquad & x + y + 4z = 3604
\end{align}$$

Si de l'équation (1) je retranche l'équation (2), z disparaît, et j'ai $x - 2y = -901$.

Je n'ai pas encore employé l'équation (3) ; je vais la combiner avec l'une des deux autres pour éliminer z. Comme cette dernière renferme $4z$, je multiplie par 4, par exemple, la première, qui deviendra ainsi

$$8x + 4y + 4z = 7208$$

dont je retranche l'équation (3).

Il reste ainsi

$$7x + 3y = 3604$$

Le problème est donc ramené aux deux équations à deux inconnues :

$$x - 2y = -901$$
$$7x + 3y = 3604$$

Je multiplierai la première par 3, la deuxième par 2 ; elles deviennent ainsi

$$3x - 6y = -2703$$
$$14x + 6y = 7208$$

Et comme les y sont de signes contraires, j'additionne, ce qui fait

$$17x = 4505$$

$$x = \frac{4505}{17} = 265.$$

Si l'on met cette valeur de x dans l'une des équations précédentes, par exemple dans l'équation

$$x - 2y = -901$$

elle devient

$$265 - 2y = -901$$
$$265 + 901 = 2y$$
$$1166 = 2y$$

$$y = \frac{1166}{2} = 583.$$

Enfin les deux valeurs de x et de y étant reportées dans une des trois équations proposées, par exemple dans la troisième

$$x + y + 4z = 3604$$

celle-ci devient

$$265 + 583 + 4z = 3604$$

$$848 + 4z = 3604$$
$$4z = 3604 - 848 = 2756$$
$$z = \frac{2756}{4} = 689.$$

Ainsi les valeurs des trois inconnues qui doivent vérifier à la fois les trois équations proposées sont :

$$x = 265, \qquad y = 583, \qquad z = 689,$$

comme d'ailleurs on peut s'en assurer directement.

CHAPITRE VIII.

Des équations du deuxième degré.

Les équations que nous avons précédemment traitées sont dites du premier degré, parce que les inconnues n'y entrent en effet qu'au premier degré ; nous allons maintenant nous occuper de résoudre celle où l'inconnue est élevée au carré ou deuxième puissance, et que pour cela on appelle équations du deuxième degré.

Dans une pareille équation il y aura nécessairement trois espèces de termes : 1° des termes renfermant x^2 ; 2° des termes renfermant x ; 3° des termes ne renfermant que des quantités connues. Si on fait tout passer dans le premier membre, et si l'on réduit ensemble les termes de même espèce, elle pourra se ramener à la forme

$$ax^2 + bx + c = o$$

dans laquelle a, b, c, peuvent être entiers ou fractionnaires, positifs ou négatifs.

Examinons le cas où l'équation manquerait de second terme, et par conséquent où b serait nul. L'équation du deuxième degré prend alors la forme

$$ax^2 + c = o$$

ou

$$x^2 + \frac{c}{a} = o$$

ou encore

$$x^2 = A$$

On peut l'écrire

$$x^2 - A = o$$

Or A peut être regardé comme le carré d'un nombre, par exemple $A = n^2$; donc l'équation revient à

$$x^2 - n^2 = o$$

On sait que $x^2 - n^2$ est la même chose que

$$(x - n)(x + n)$$

Ainsi l'équation revient encore à

$$(x - n)(x + n) = o$$

Or, pour que cette quantité soit nulle, il faut et il suffit que l'un des deux facteurs le soit ; ou bien

$$x - n = o$$

ou bien

$$x + n = o$$

ce qui fournit deux valeurs de x

$$x = n \qquad x = - n$$

Or n est la racine carrée de A, qu'on écrit $\sqrt{A}$;
donc $\quad x = + \sqrt{A} \qquad x = - \sqrt{A}$
sont deux valeurs ou racines de x qui satisfont
à l'équation $\quad x^2 = A$.

Si par exemple on a
$$x^2 = 81$$
ou
$$x^2 - 81 = o$$
on voit que les valeurs de x sont
$$x = \pm 9 \qquad (x \text{ égale plus ou moins } 9)$$
car 9 est la racine carrée de 81.
$$x^2 - 81 = (x - 9)(x + 9)$$

Dans le cas où la quantité A serait négative,
l'équation serait $\quad x^2 = - A$
d'où $\qquad x = \pm \sqrt{-A}$

Or racine carrée de $- A$ n'a pas de sens : car
que signifie la racine carrée d'une quantité négative ? Cela veut dire qu'il est impossible de trouver des valeurs d'x qui satisfassent à l'équation
$x^2 + A = o$. En effet, x^2 est essentiellement positive ainsi que A, et la somme de deux quantités
positives ne saurait jamais faire 0. On conserve
cependant le symbole $\sqrt{-A}$ en disant que c'est
une *racine imaginaire*, et on convient de l'écrire
sous la forme
$$\sqrt{-A} = \sqrt{A \times (-1)} = \sqrt{A}\,\sqrt{-1}$$
Ainsi, si on a $x^2 + 81 = o$, on écrira

$$x = \sqrt{-81} = \pm \sqrt{81 \times (-1)}$$
$$= \pm \sqrt{81} \, \sqrt{-1} = \pm 9 \sqrt{-1}$$

et les deux racines de $x^2 + 81 = o$ sont dites être

$$+9 \sqrt{-1} \quad \text{et} - 9 \sqrt{-1}.$$

Ces expressions imaginaires ont acquis une grande importance dans les mathématiques élevées.

Considérons maintenant le cas où l'équation serait privée du troisième terme, c'est-à-dire où c serait nul. Elle prend alors la forme

$$ax^2 + bx = o$$

ou bien

$$(ax + b) x = o$$

qui est satisfaite selon que l'on pose

$$ax + b = o \quad \text{ou bien } x = o$$

et les deux racines de l'équation sont alors

$$x = - \frac{b}{a}, \quad \text{et} \quad x = o.$$

Enfin, en dernier lieu, occupons-nous de la résolution de l'équation complète

$$ax^2 + bx + c = o$$

Je puis diviser tout par a et l'écrire

$$x^2 + \frac{b}{a} \, x + \frac{c}{a} = o$$

ce qui la ramène à la forme

$$x^2 + px + q = o$$

p et q pouvant être entiers ou fractionnaires, positifs ou négatifs.

Si nous pouvions ramener cette équation à la première forme $z^2 = A$, elle serait résolue. Pour cela je fais passer q dans le second membre

$$x^2 + px = - q$$

Rappelons-nous que le carré de la somme de deux quantités se compose de trois termes; le carré de la première, deux fois le produit de la première par la deuxième et le carré de la deuxième.

Or ici nous avons le carré d'une première quantité x^2, un produit px qu'on peut regarder comme le double produit de x par $\dfrac{p}{2}$; il ne manque que le carré de la deuxième quantité qui est $\left(\dfrac{p}{2}\right)^2 = \dfrac{p^2}{4}$

Si donc nous ajoutons de part et d'autre $\dfrac{p^2}{4}$ l'équation deviendra

$$x^2 + px + \frac{p^2}{4} = \frac{p^2}{4} - q$$

Le premier membre n'est autre chose que le carré de $x + \dfrac{p}{2}$; donc l'équation revient à

$$\left(x + \frac{p}{2}\right)^2 = \frac{p^2}{4} - q$$

d'où

$$x + \frac{p}{2} = \pm \sqrt{\frac{p^2}{4} - q}$$

et enfin

$$x = - \frac{p}{2} \pm \sqrt{\frac{p^2}{4} - q}$$

Soit par exemple l'équation

$$x^2 - 5x + 6 = o$$

on aura $\qquad p = - 5 \qquad q = 6$

donc

$$x = \frac{5}{2} \pm \sqrt{\frac{25}{4} - 6}$$

$$= \frac{5}{2} \pm \sqrt{\frac{1}{4}} = \frac{5}{2} \pm \frac{1}{2}$$

donc

$$x' = \frac{5}{2} + \frac{1}{2} = 3$$

$$x'' = \frac{5}{2} - \frac{1}{2} = 2$$

Les deux valeurs de x sont 3 et 2.

On voit ainsi que toute équation du deuxième degré admet deux valeurs pour l'inconnue,

CHAPITRE IX.

Des progressions.

Une suite de nombres croissante ou décroissante dans laquelle la différence de deux termes consécutifs est constante s'appelle *progression arithmétique* ou *progression par différence*.

Ainsi la suite des nombres naturels :

$$\div\ 1\ .\ 2\ .\ 3\ .\ 4\ .\ 5\ .\ 6\ .\ 7\ .\ 8\ \dots$$

est une progression arithmétique. La différence constante ou *raison* est ici l'unité.

$$\div\ 400\ .\ 497\ .\ 494\ .\ 491\ .\ 488\dots$$

est une progression arithmétique décroissante dont la raison est 3.

Soit la progression

$$\div\ a\ .\ b\ .\ c\ .\ d\ .\ e\ .\ f\ \dots\dots\ k\ .\ l\ .$$

dont la raison est représentée par r.

$$b = a + r$$
$$c = b + r = a + 2r$$
$$d = c + r = a + 3r$$

Le 4e terme est égal au premier plus 3 fois la raison.
Le 5e . . . . 4 fois la raison.

. . . .

Le 20e . . . . 19 fois la raison.

Et en général le n^{me} terme est égal au 1er, a plus $(n-1)$ fois la raison r. Si ce terme est désigné par l, on aura

$$l = a + (n-1)\,r$$

Ainsi le 50e terme de la deuxième progression. dans laquelle

$$a = 400 \qquad r = -3$$

sera

$$l = 400 - (50 - 1) \times 3 = 400 - 49 \times 3 =$$
$$400 - 147 = 253.$$

On peut remarquer que la somme de deux termes également éloignés des extrêmes est toujours la même :

$$\therefore \quad a \, . \, b \, . \, c \, . \, d \, \ldots\ldots \, g \, . \, h \, . \, k \, . \, l.$$

En effet
$$b = a + r \qquad k = l - r$$
$$c = a + 2r \qquad h = l - 2r$$
$$d = a + 3r \qquad g = l - 3r$$

donc

$$b + k = a + l, \; c + h = a + l, \; d + g = a + l,$$
$$\text{etc.}$$

Cela posé, désignons par s la somme des n premiers termes,

$$s = a + b + c + d + \ldots\ldots + g + h + k + l$$

et aussi

$$s = l + k + h + g + \ldots\ldots + d + c + b + a$$

si on additionne

$$2s = (a + l) + (b + k) + (c + h) + (d + g) +$$
$$\ldots + (g + d) + (h + c) + (k + b) + (l + a)$$

Or tous les termes entre parenthèses sont égaux à $(a + l)$ et en nombre n; donc

$$2s = (a + l)\, n$$
$$s = \frac{(a + l)\, n}{2}$$

Ainsi pour trouver la somme de n termes d'une progression, on ajoute les deux extrêmes, on multiplie par le nombre de termes et on prend la moitié du produit.

Par exemple, veut-on la somme des cent premiers termes de la suite des nombres naturels? Le premier est 1, le dernier est 100, donc $a + l = 101$; ceci multiplié par le nombre 100 des termes, donne 10100, dont la moitié est 5050. Ainsi

$$1 + 2 + 3 + \ldots + 99 + 100 = 5050.$$

On peut encore se proposer un autre problème; c'est celui d'insérer entre deux nombres donnés un certain nombre de moyens différentiels. Par exemple, étant donnés les nombres 10 et 60, insérer entre eux vingt termes, de telle sorte que la série des vingt-deux termes forme une progression arithmétique. Evidemment ce qui est inconnu ici c'est la raison r; on connaît le premier terme a, le dernier l, et le nombre n de termes.

L'équation

$$l = a + (n - 1)\, r$$

donnera donc

$$r = \frac{l - a}{n - 1}$$

Or si on désigne par m le nombre des moyens à insérer, le nombre total des termes sera $m + 2$ et par suite $n - 1$, ou le nombre des termes diminué de 1 sera $m + 1$; donc

$$r = \frac{l - a}{m + 1}.$$

Dans le cas actuel, $a = 10$, $l = 60$, $m = 20$, donc

$$r = \frac{60 - 10}{21} = \frac{50}{21}$$

et la progression sera

$$\div\ 10\ .\quad 10 + \frac{50}{21}\ \circ\ 10 + \frac{100}{21}\ \ldots\ldots\ 60$$

Elle se composera de vingt-deux termes.

Quand on insère un même nombre de moyens entre chaque terme d'une progression arithmétique $\div\ a\ .\ b\ .\ c\ .\ d\ \ldots$ on trouve partout la même raison. Car, si on veut insérer m moyens, la raison entre a et b sera $r = \dfrac{b - a}{m + 1}$; entre b et c, ce sera $\dfrac{c - b}{m + 1}$; entre c et d, $\dfrac{d - c}{m + 1}$ etc. Or $b - a$, $c - b$, $d - c$ sont toutes quantités égales, donc partout la raison est la même.

Lorsqu'une suite de nombres croissante ou décroissante est telle que le rapport de deux termes consécutifs est constant, on l'appelle *progression géométrique* ou *progression par quotient.*

Par exemple $\div\ 1 : 2 : 4 : 8 : 16 : 32 : 64 :$ est une progression croissante par quotient dans laquelle le rapport constant est 2. Ce rapport s'appelle aussi *raison.*

Soit la progression

$$\div a : b : c : d : e : f : g : \ldots$$

dont la raison est q

$$b = aq$$
$$c = bq = aq^2$$
$$d = cq = aq^3$$

Le 4e terme est égal au 1er multiplié par la raison à la puissance. 3e

Le 5e 4e

Le 6e 5e

Le 20e 19e

Et en général le n^{me} terme est égal au 1er multiplié par la raison élevée à la puissance $n - 1$.

$$l = aq^{n-1}.$$

Si, par exemple, on cherche le dixième terme de la progression

$$\div 1 : 2 : 4 : 8 : 16 : 32\ldots$$

on a $\qquad a = 1 \quad q = 2 \quad n = 10$

$$l = 1.2^9 = 2 \times 2 \times 2 \times 2 \times 2 \times 2 \times 2 \times 2 \times 2 = 512.$$

Cherchons la somme des termes d'une pareille progression.

$$S = a + aq + aq^2 + aq^3 + \ldots + aq^{n-1}$$

On peut l'écrire :

$$S = a(1 + q + q^2 + \ldots + q^{n-1})$$

On se rappelle que

$$\frac{a^n - b^n}{a - b} = a^{n-1} + ba^{n-2} + b^2 a^{n-3} + \ldots + b^{n-1}$$

Si donc $a = q \quad b = 1$, on aura

$$\frac{q^n - 1}{q - 1} = q^{n-1} + q^{n-2} + q^{n-3} + \ldots + q^2 + q + 1$$

Par conséquent

$$S = \frac{a(q^n - 1)}{q - 1}$$

Si donc on veut la somme des dix premiers termes de la progression ci-dessus, on a

$$a = 1 \qquad q = 2 \qquad n = 10$$

$$S = \frac{1 \times (2^{10} - 1)}{2 - 1} = 2^{10} - 1 = 1024 - 1 = 1023.$$

On peut ici insérer des moyens géométriques, comme précédemment des moyens arithmétiques. Soit m leur nombre, on aura $n - 1 = m + 1$.

$$l = aq^{m+1}$$

d'où

$$q^{m+1} = \frac{l}{a}, q = \sqrt[m+1]{\frac{l}{a}} = \left(\frac{l}{a}\right)^{\frac{1}{m+1}}$$

Et on remarquera encore ici que, si l'on insérait le même nombre de moyens entre tous les termes d'une progression géométrique, la raison serait encore partout la même, puisque $\frac{l}{a}$ est constant.

Nous terminerons cette théorie des progressions par une propriété fort remarquable. Soient deux progressions, l'une géométrique commençant par l'unité, l'autre arithmétique commençant par 0

$$\div\ 1 : q : q^2 : q^3 : q^4 :.$$
$$\div\ 0 . a . 2a . 3a . 4a\dots$$

On voit que les exposants des termes de la première sont précisément les coefficients des termes de la seconde. Si donc je prends deux termes quelconques de la première, q^n et q^k, dont les correspondants sont na et ka, le produit des deux premiers q^{n+k} aura pour correspondant $(n + k)\,a$, c'est-à-dire la somme des deux seconds.

Ainsi le produit de deux termes de la progression géométrique a pour correspondant dans la progression arithmétique la somme des deux termes correspondants.

Réciproquement, le quotient de ces deux termes aurait pour correspondant la différence des deux termes correspondants.

Cette remarque est essentielle dans la théorie des logarithmes qui va suivre.

INTRODUCTION

AUX

TABLES DE LOGARITHMES.

Nous allons exposer d'abord avec toute la clarté et toute la brièveté possibles les principes sur lesquels repose la théorie des logarithmes ; nous ferons connaître ensuite le mécanisme des deux tables contenues dans ce volume, et enfin nous nous étendrons sur les applications qui se présentent le plus souvent dans la pratique, et par des exemples nombreux nous chercherons à familiariser les commençants avec l'usage de ces tables.

A ceux qui pourraient douter de l'utilité des logarithmes, nous dirons qu'elle consiste à substituer l'addition et la soustraction à la multiplication et à la division, qui sont des opérations beaucoup plus compliquées, et à remplacer l'élévation du nombre aux puissances et l'extraction des racines par de simples multiplications et divisions, — avantage immense pour le calcul, et qu'apprécieront parfaitement tous ceux qui ne sont pas étrangers aux opérations numériques.

ARTICLE Iᵉʳ.

Quelques mots sur la théorie des logarithmes.

Comme nous l'avons vu précédemment dans l'algèbre, une suite de nombres tels que chacun d'eux est lié aux précédents par une certaine loi, s'appelle une série. La loi la plus simple se présente dans le cas où la différence entre deux termes consécutifs est constante : alors la série est dite *progression par différence* ou *progression arithmétique*. Par exemple, la suite des nombres ÷ 1. 2. 3. 4. 5. 6... est une progression croissante par différence. La différence constante qui existe entre deux termes consécutifs est dite la raison de la progression.

On aura de même la *progression géométrique* ou *par quotient* en formant une suite dans laquelle le quotient de deux termes consécutifs sera constant. Par exemple, la progression double ÷ 1 : 2 : 4 : 8 : 16 : 32 :... est une progression par quotient.

Le quotient d'un terme par le précédent est nommé la *raison*. Ici c'est 2. Nous remarquerons que ce quotient peut être entier, fractionnaire, ou même irrationnel, en entendant le mot quotient dans son sens le plus général.

Considérons maintenant une progression par différence, dont le premier terme soit 0 et dont la raison soit un nombre quelconque que, pour

— 65 —

abréger, nous désignerons par la lettre a :
$$\div\ 0 : a : 2a : 3a : 4a : 5a$$

On voit sans peine qu'un terme quelconque se compose d'autant de fois la raison qu'il y a de termes avant lui. Ainsi le premier terme étant 0, le deuxième vaut 1 fois la raison ; le troisième la vaut 2 fois ; le quatrième, 3 fois, etc. ; le vingtième, 19 fois, etc. En général, le n^{me} terme vaudra $n-1$ fois la raison.

Soit aussi une progression géométrique, dont le premier terme soit l'unité et la raison quelconque, nous la désignerons par b.

$$(1)\qquad \div\ 1 : b : b^2 : b^3 : b^4 : b^5 :\ldots$$

Ainsi, le premier terme est élevé à la puissance 0 ; le deuxième, à la puissance 1 ; le troisième, à la puissance 2 ; etc. ; le vingtième à la puissance 19, et en général le n^{me} à la puissance $n-1$.

$$\div\ 1 : b : b^2 : b^3 : b^4 : b^5 : \ldots\ldots\qquad b^{n-1} : b^n$$
$$\div\ 0 \,.\, a \,.\, 2a \,.\, 3a \,.\, 4a \,.\, 5a\ldots :(n-1)\,a.\qquad na$$

On voit immédiatement à l'inspection des deux progressions que le même nombre sert à la fois et d'exposant au terme de la progression géométrique et de coefficient au terme correspondant de la progression arithmétique.

C'est là, on peut le dire, la propriété fondamen-

____

(1) On se rappellera que le chiffre placé ainsi à droite et en haut d'un nombre s'appelle *exposant* et qu'il indique combien de fois ce nombre est pris comme facteur : ainsi $b^2 = b \times b$, $b^3 = b \times b \times b$, $b^4 = b \times b \times b \times b$ etc.

4.

tale sur laquelle Néper, mathématicien écossais, vivant au XVIIe siècle, a fondé toute la théorie des logarithmes.

Cette remarque si simple peut être employée de la façon la plus heureuse pour abréger les calculs. En effet, supposons qu'on veut connaître le produit de deux nombres situés dans la progression géométrique, par exemple, b^k et b^h. Les deux nombres correspondants de la progression arithmétique sont ka et ha, et on voit que le produit cherché, $b^k \times b^h = b^{h+k}$, a pour correspondant le nombre $(h+k)a$, c'est-à-dire précisément la somme des deux premiers, $ha+ka$. Ainsi, à l'aide de ces deux progressions, on peut transformer une multiplication en une addition. On fera tout simplement la somme des deux nombres ha et ka, et cette somme a pour correspondant dans la progression géométrique précisément le produit cherché.

Prenons un exemple numérique; soient, par exemple, les deux progressions

$$\div 1 : 3 : 9 : 27 : 81 : 243 : 729 : 2187 : 6561 : 19683 :$$
$$\dot{-} 0 . 4 . 8 . 12 . 16 . 20 . 24 . 28 . 32 . 36.$$

et cherchons le produit de 27 par 243 : les deux nombres inférieurs qui leur correspondent sont 12 et 20, dont la somme est 32 ; or 32 correspond à 6561, donc le produit cherché est :

$$27 \times 243 = 6561$$

Cherchons encore le produit de 27 par 729 :

les deux nombres correspondants sont 12 et 24, dont la somme est 36 ; à 36 correspond 19683 : donc le produit cherché est :

$$27 \times 729 = 19683$$

On comprend sans peine que, de même que la multiplication est remplacée par l'addition, de même la division sera remplacée par la soustraction. Ainsi, je suppose qu'on veut connaître le quotient de 19683 par 729. Les deux nombres correspondants sont 36 et 24, dont la différence est 12 ; or 12 correspond à 27 ; donc le quotient cherché est :

$$\frac{19683}{729} = 27$$

Mais c'est surtout lorsqu'il s'agit d'élever des nombres à leurs puissances, ou d'en extraire les racines, que cette double progression offre un grand avantage. Privé de ce moyen puissant, on se trouverait bien souvent entraîné dans des calculs interminables.

Supposons qu'on veuille déterminer la n^{me} puissance d'un nombre k. On sait que cette puissance s'obtient en multipliant k, $n-1$ fois par lui-même. Or, d'après ce que nous avons vu précédemment, il suffit de chercher le nombre qui correspond à k, puis de l'ajouter $n-1$ fois à lui-même ; c'est-à-dire, tout simplement, de le multiplier par n.

Par exemple, veut-on avoir la huitième puissance de 3 : le nombre qui correspond à 3 est 4 ; le produit de 4 par 8 est 32, qui correspond à 6561. Donc la puissance cherchée est

$$3^8 = 6561$$

De même, pour extraire une racine, on emploiera la division. Veut-on avoir la racine neuvième de 19683 : le nombre qui lui correspond est 36, dont le 9ᵉ est 4 ; à 4 correspond 3 ; donc la racine cherchée est

$$\sqrt[9]{19683} = 3.$$

Les nombres de la progression arithmétique correspondants à ceux de la progression géométrique ont reçu de l'inventeur le nom de *Logarithmes.*

Ces exemples peuvent donner une idée de l'utilité des logarithmes, et même de la manière de s'en servir. Mais le lecteur attentif n'aura pas manqué d'observer que ces avantages seraient fort restreints, si l'on n'employait que des progressions comme celles que nous avons présentées jusqu'ici. En laissant subsister des lacunes entre les termes de la progression géométrique, on ne pourrait pas se servir des logarithmes pour les nombres intermédiaires : afin d'en étendre l'usage à tous les cas possibles, il est nécessaire que la progression renferme la suite naturelle des nombres. Nous allons maintenant exposer comment on s'y est pris pour atteindre ce but, et alors on aura une idée complète et précise de ce qu'il faut entendre par logarithmes.

Nous croyons utile d'expliquer ici ce que l'on doit entendre par l'idée de continuité dans les nombres, car cette idée joue un rôle extrêmement important dans la théorie des logarithmes. En algèbre, il est d'usage de représenter les nombres par des lettres : ainsi *a* signifie un nombre, quel qu'il soit, entier ou fractionnaire, commensurable ou incommensurable. Dans une question, ce nombre *a* peut demeurer constant, c'est-à-dire conserver toujours la même valeur dans tout le cours du problème : alors on l'appelle une *constante;* il peut aussi passer par divers états de grandeurs, et alors on dit que c'est une *variable.* La variable est dite *varier d'une manière continue,* lorsque, par les conditions de la question, elle est astreinte à recevoir toutes les valeurs possibles comprises entre deux nombres ou limites données. Ainsi, si *a* est variable continue entre 4 et 5, cela signifie que *a* peut prendre successivement les valeurs de tous les nombres compris entre 4 et 5 ; *a* enfin peut varier depuis la valeur 4 jusqu'à la valeur 5 en passant par tous les états intermédiaires, c'est-à-dire en variant par degrés infiniment petits depuis 4 jusqu'à 5.

Cela posé, Néper considère la série naturelle des nombres 1, 2, 3, 4, 5.... comme formant des termes d'une certaine progression arithmétique dont les différents termes varient d'une manière continue depuis 1 jusqu'à l'infini. Ainsi le premier terme étant l'unité, le deuxième serait $1 + \alpha$, α étant une quantité aussi peu différente de 0 que l'on voudra, de sorte que $1 + \alpha$ est infiniment peu différent de 1. La progression géométrique est alors

$$\div \; 1 : 1 + \alpha : (1 + \alpha)^2 : (1 + \alpha)^3 : (1 + \alpha)^4 : (1 + \alpha)^5$$

et α est choisi de telle façon que tous ces nombres varient d'une manière continue depuis 1 jusqu'à l'infini, comme nous l'avons dit plus haut.

Il considère en même temps une progression arithmétique commençant à 0, et dont les termes varient d'une manière continue depuis 0 jusqu'à l'infini.

Désignons par β le deuxième terme qui est aussi près de 0 que l'on voudra, et la progression arithmétique sera :

$$\div \; 0 , \; \beta , \; 2\beta , \; 3\beta , \; 4\beta , \; 5\beta , \; 6\beta , \; 7\beta .$$

On peut établir entre les deux accroissements des deux progressions α et β tel rapport que l'on veut ; ce rapport, que nous désignerons par M, est absolument arbitraire, puisqu'on peut choisir à volonté la progression : il est appelé le *module* du système des logarithmes.

On appelle *base* d'un système de logarithmes le nombre qui a pour logarithme l'*unité*.

Néper a pris pour module de son système $M = 1$. La base de son système, que l'on désigne ordinairement par la lettre e, a pour valeur

$$e = 2, 718 \; 281 \; 828 \; 459 \; 045 \ldots\ldots$$

Le système de Néper étant peu en rapport avec notre système de numération décimale, Briggs en a calculé un beaucoup plus commode pour les calculs.

Ses progressions sont les suivantes :

$$\div \quad 1 : 10 : 10^2 : 10^3 : 10^4 : 10^5 : \ldots$$
$$\div \quad 0 \quad 1 \quad . \quad 2 \quad . \quad 3 \quad . \quad 4 \quad . \quad 5 \ldots$$

Ainsi la base de son système est 10. On a donc log. 1=0, log. 10=1, log. 100=2, log. 1000=3, etc.

Comme entre deux termes consécutifs il existe de nombreuses lacunes, il a fallu insérer entre eux un nombre convenable de termes, de manière qu'il y eût toujours progression. La théorie des progressions enseigne que, pour que cette condition soit remplie, il faut insérer entre deux termes consécutifs quelconques toujours le même nombre de termes intermédiaires. Pour nous conformer à la continuité expliquée plus haut, il aurait fallu insérer un nombre infini de termes entre deux termes consécutifs, ce qui eût été impraticable. On a procédé d'une manière plus commode.

Supposons qu'on veuille déterminer le logarithme de 7. Ce nombre étant compris entre 1 et 10, son logarithme sera compris entre 0 et 1.

Cela posé, insérons un moyen proportionnel entre 1 et 10, et un moyen différentiel entre 0 et 1.

Le moyen proportionnel entre 1 et 10 est égal à $\sqrt{10}=3,162277$; il a pour logarithme le moyen différentiel entre 0 et 1, qui est égal à 0,5. Or 7 est plus grand que 3,16 et plus petit que 10; donc le logarithme de 7 est compris entre 0,5 et 1.

Nous allons donc encore insérer un moyen pro-portionnel entre $\sqrt{10}$ et 10, et un moyen diffé-rentiel entre 0,5 et 1. Nous trouverons un nou-veau nombre plus voisin de 7 que 3,16. Nous insérerons de nouveau un moyen proportionnel et un moyen différentiel et ainsi de suite; nous aurons ainsi des nombres qui iront sans cesse en se rapprochant de 7, et qui pourront même en dif-férer d'une fraction aussi petite que l'on voudra. Les logarithmes de ces nombres se calculent à mesure; on aura donc un logarithme d'un nom-bre aussi voisin de 7 que l'on voudra. Ce procédé, par conséquent, quoiqu'un peu long, est suscep-tible d'une approximation aussi grande qu'on le désire. On trouve ainsi pour logarithme de 7 le nombre 0,84510.

Pour les autres nombres on emploiera absolu-ment la même méthode.

Il est bien entendu qu'il suffira de calculer les logarithmes des nombres premiers; car ceux des autres se déduiront à l'aide de simples additions des précédents. Ainsi veut-on le logarithme de 6 :

$$6 = 3 \times 2 \quad \text{donc } \log 6 = \log (3 \times 2) =$$
$$\log 3 + \log 2$$

Pour représenter les logarithmes des fractions on emploie la convention des quantités négatives déjà posée précédemment dans l'algèbre. Par

exemple la fraction $\dfrac{3}{4}$ n'étant pas autre chose que

le quotient de 3 par 4, son logarithme sera égal à
log. 3 — log. 4, quantité évidemment négative
puisque log. 3 est $<$ log. 4.

Soit, par exemple, la fraction décimale 0,8988 :
ce n'est pas autre chose que $\dfrac{8988}{10000}$; son logarithme est donc égal à log. 8988 — log. 10000 :
or log. 8988 $=$ 3.95366, log. 10000 $=$ log. 10^4
$=$ 4 ; donc log. $\dfrac{8988}{10000}$ $=$ 3.95366 — 4 $=$ —
0,04634.

Pour éviter d'avoir un logarithme négatif, ordinairement on n'effectue la soustraction que sur
les entiers, ce qui donne une caractéristique négative, la partie décimale restant positive.

Ainsi l'expression ci-dessus n'est pas autre chose
que
$$3 + 0.95366 — 4$$
ou bien $\qquad 3 — 4 + 0.95366$
Or $\qquad\qquad 3 — 4 = — 1$
donc log. 0.8988 $=$ — 1 + 0.95366.
Cette expression s'écrit d'une façon encore plus
abrégée sous la forme, log. 0,8988 $=$ $\overline{1}.95366$.

Le signe — est alors tout simplement placé sur
la caractéristique. Supposons, par exemple, qu'on
veuille le produit de 7 par 0.8988, on a
$$\log. (7 \times 0.8988) = \log. 7 + \log. 0.8988.$$

$$\text{Or} \qquad \log. 7 = 0.84510$$
$$\log. 0.8988 = \overline{1}.95366$$
$$\overline{\qquad 0.79876}$$

On dira 8 et 9, 17 ; en 17, je pose 7 et je retiens 1 ; 1 de retenu et — 1 font 0 ; je pose 0.

A ce logarithme 0.79876 correspond le nombre 6,2916 ; c'est donc le produit cherché.

On peut se demander pourquoi il est nécessaire que la progression géométrique commence par 1, et la progression arithmétique par 0 ; en voici la raison : c'est que, de la sorte, chaque terme se trouve composé exclusivement de la raison répétée un certain nombre de fois, dans la progression par différence, comme quantité additionnelle, et dans la progression par quotient, comme facteur (en 100, 10 est deux fois facteur ; en 10 il l'est une fois ; en 1 il ne l'est pas du tout ; en d'autres termes, il est zéro de fois facteur). En adoptant tout autre système, chaque terme serait compliqué d'une quantité étrangère qui viendrait s'y combiner avec la raison, ce qui rendrait l'usage des tables beaucoup plus difficile.

Des considérations précédentes il est aisé de déduire les quatre règles qui suivent ; les exemples que nous donnerons plus loin en rendront l'application facile.

1° Pour avoir le produit de deux ou de plusieurs nombres, il faut chercher leurs logarithmes, les ajouter, puis chercher à quel nombre correspond cette somme envisagée comme logarithme ; c'est là le produit demandé.

2º S'il s'agit de faire une division, on prendra les logarithmes du dividende et du diviseur, on retranchera le second du premier, puis dans les tables on cherchera le nombre qui correspond à leur différence prise pour logarithme : on obtiendra ainsi le quotient demandé.

3º Pour élever un nombre à une puissance quelconque, on prendra son logarithme, on le multipliera par l'exposant de la puissance, et on cherchera à quel nombre correspond ce produit.

4º Pour extraire une racine quelconque d'un nombre donné, on cherchera le logarithme de ce nombre, on le divisera par l'*indice* de la racine, et on verra dans les tables à quel nombre correspond le quotient trouvé : le nombre correspondant est la racine cherchée.

On voit que, dans l'usage des tables, les opérations essentielles se réduisent à deux choses : 1º à trouver le logarithme d'un nombre donné ; 2º connaissant un logarithme, à chercher le nombre qui lui correspond.

ARTICLE II.

Sur la manière de se servir des tables suivantes.

Ces tables sont au nombre de deux : l'une pour les logarithmes des nombres de 1 à 10,000 ; l'autre pour les logarithmes des sinus et tangentes, le rayon étant = 10 000 000 000.

PREMIÈRE TABLE,

Ou table qui donne les logarithmes des nombres de 1 à 10,000.

Elle se compose de 31 pages.

Dans ces 31 pages il faut distinguer les deux premières, dont la disposition est autre que celle des 29 dernières.

Disposition des deux premières pages.

1° La colonne la plus à gauche contient les nombres de 0 jusqu'à 33 inclusivement ; un large filet l'isole de toutes les autres colonnes : il est à noter que les nombres de cette colonne gauche de la page à gauche se trouvent répétés sur la première colonne gauche de la page de droite. 2° A la droite du double filet se voient, dans chaque page, 5 colonnes de chiffres : chaque ensemble de chiffres est un logarithme (ainsi la première colonne à gauche contient les nombres des logarithmes, les 5 colonnes à droite contiennent les logarithmes des nombres). 3° En haut et en bas de chaque colonne de chiffres se lit un chiffre isolé : ce chiffre est le même en haut et en bas (on ne l'a ainsi répété que pour soulager la vue, et faire que de quelque côté que l'œil se porte involontairement en haut ou en bas, il distingue sur-le-champ dans quelle colonne il se trouve, ou dans quelle colonne il doit chercher). 4° Ces chiffres-titres (car ce sont

vraiment des espèces de titres pour la colonne)
ne sont pas les mêmes dans la page de droite
que dans celle de gauche : dans celle-ci se sont
0, 1, 2, 3, 4 ; dans celle-là on aperçoit 5, 6,
7, 8, 9 ; — 5° ainsi la colonne 1 est la 2°, la
colonne 2 la 3°; la 7° colonne est 6, la 10° colonne est 9 : cela vient de ce que la première de toutes les colonnes est la colonne 0.

*Disposition commune aux vingt-neuf dernières
pages (de la première table).*

Elle ne diffère que légèrement de celle des
deux pages précédentes. — *Ressemblances.*
1° L'extrême gauche, isolée par un large filet
des colonnes de droite, offre la colonne des nombres rangés à la suite les uns des autres ; 2° les
colonnes à droite contiennent les logarithmes ;
3° en haut, en bas sont placés des chiffres-
titres : 4° le premier de ces chiffres est 0. —
Différences. 1° La colonne des nombres dans
la page de droite n'est plus la même que dans
la page de gauche (en d'autres termes, pas de
répétition) : ces nombres vont de 33 à 999 inclusivement. 2° Les logarithmes ne présentent
plus chacun six chiffres ; on peut même en remarquer qui n'en présentent que trois, mais qu'a-
yaut la colonne 0 se voit toujours une colonne
à deux chiffres. 3° Les colonnes à logarithmes
sont au nombre de 10 par page (c'est-à-dire
que, suivant le système de ces dernières 29
pages, les deux premières se trouveraient con-

densées en une seule, puisque dans chacune d'elles il n'y a que cinq colonnes logarithmiques) : un simple filet sépare l'ensemble des dix colonnes en deux bandes longitudinales chacune de cinq colonnes. (*N. B.* Remarquez en sus la petite colonne immédiatement à droite du double filet, colonne qui n'a pas de chiffre-titre.) 4° De loin en loin se font apercevoir dans la colonne sans chiffre-titre des vides, et dans les colonnes logarithmiques des astérisques en haut ou un petit trait en bas : le nombre des astérisques diminue à mesure que l'on avance vers les dernières pages, celui des vides de la colonne sans chiffre-titre augmente au contraire.

Manière de lire les nombres.

1° De 0 à 33 inclusivement, les nombres sont contenus dans les deux premières pages; de 33 à 9999, ils occupent les vingt-neuf pages suivantes, et tous ceux d'entre eux qui sont compris entre 33 et 999 s'y trouvent deux fois. — 2° Voici comment ils s'y trouvent. Quel que soit le nombre porté dans la colonne numérique, qu'aux deux ou trois *figures* (ou chiffres) de ce nombre on joigne un des chiffres-titres placés en haut des colonnes, et qu'on lise le tout comme ne faisant qu'un même nombre : par ex. qu'à 428 (p. 21), si l'on tombe sur 428, on ajoute successivement chacune des dix figures comprises dans la ligne horizontale des chiffres-titres, ce qui donne 4280, 4281, 4282, 4283, 4284, 4285, 4286, 4287, 4288, 4289. Il est évident que la même opération peut être faite sur tous les nombres des colonnes numériques, ce qui décuple la quantité des nombres écrits dans cette colonne, puisque chaque nombre simple en fournit dix autres, par cette combinaison des figures du nombre lui-même à un quelconque des chiffres-titres. Le dernier nombre de la dernière colonne fournit les dix nombres de 9990 à 9999, c'est-à-dire les nombres entiers les plus forts qui précèdent 10000. — 3° Tous les nombres de la colonne numérique (sauf l'exception qu'on va lire plus bas) peuvent donc se lire de deux façons distinctes, d'abord comme groupe d'unités simples, et alors la lecture du groupe n'offre rien de particulier (56 se lit *cinquante-six*, 809 *huit cent neuf*, etc.), puis comme groupe de dizaines qu'on fait suivre d'un quelconque des chiffres-titres (comme dans les exemples qui précèdent). La deuxième manière donnant lieu à dix lectures, tandis que dans la première on lit toujours de même, il y a en tout onze nombres différents à prononcer à l'occasion d'un nombre quelconque de la colonne numérique. — 4° L'exception plus haut annoncée porte sur les 33 premiers nombres qu'on lit dans les deux premières pages de la table. Ceux-là ne doivent être lus qu'avec combinaison : c'est-à-dire que 14 donnera *cent quarante, cent quarante et un, cen*

quarante-deux, *cent quarante-trois, cent qua-*
rante-quatre, cent quarante-cinq, cent qua-
rante-six, cent quarante-sept, cent quarante-
huit, cent quarante-neuf, 140, 141, 142, 143,
144, 145, 146, 147, 148, 149, mais ne donnera
pas 14. Cette exception tient non aux nombres
eux-mêmes, mais aux logarithmes que l'on fait
correspondre; et la chose est si vraie, qu'à la
page suivante, 33, qui est le premier nombre,
peut se lire ou 33, ou 330, 331, etc., etc., jusqu'à 339. — 5° Si donc on cherche un nombre
de deux ou trois chiffres plus fort que 32 et qui
se termine par un 0, il y a deux manières de
le trouver : l'une, c'est de le chercher dans la
colonne numérique; l'autre, c'est de n'en chercher à la colonne numérique que la première
ou les premières figures, et d'en prendre la
dernière dans la ligne des chiffres-titres : 810,
par exemple, se trouve soit à la colonne numérique, page 33, ligne 11, soit par la combinaison de 81 (colonne numérique, page 11,
ligne 16) et du zéro chiffre-titre de la première
colonne logarithmique.

Manière de lire les logarithmes (de la présente table).

1° Qu'on se rappelle qu'un logarithme présente d'ordinaire une *caractéristique* et des
décimales (on peut même dire que tout logarithme est dans ce cas; car, par exemple, le logarithme de 1000 ou 3 peut s'écrire 3,00000;

et le logarithme d'un nombre moindre que dix comme le logarithme de 9, ou 2, commencera par un zéro pour caractéristique, 0.95424 ; 0.30103 ; ce qui suppose toujours qu'on exprime la caractéristique pour écrire le logarithme complet). — 2° Ceci posé, qu'on songe aussi que rien n'est plus facile, une fois la base 10 admise, que de savoir toujours la caractéristique du logarithme (pour un nombre moindre que 1, c'est une quantité négative ; pour moindre que 10, à partir de 1, c'est 0 ; pour moindre que 100, à partir de 10, c'est 1 ; pour moindre que 1000, à partir de 100, c'est 2 ; pour moindre que 10000, à partir de 1000, c'est 3 ; et ainsi de suite). Il en résulte que dans la table de logarithmes on peut fort bien ne pas écrire la caractéristique, pourvu qu'on écrive les décimales ; car qu'est-ce qui embarrasse ceux qui cherchent un logarithme ? ce n'est pas la caractéristique, c'est la fraction décimale, si variable, qui l'accompagne ; on peut dire même qu'il est infiniment plus commode de ne pas écrire de caractéristique. — 3° Dans la présente table, les deux premières pages contiennent la caractéristique avec la fraction décimale (et pour le dire en passant, c'est ce qui prouve que les nombres de la colonne numérique ne doivent être lus que combinés avec un chiffre-titre : en effet, à côté de 1 (p. 8) on lit 1,00 000 pour logarithme ; or, il est bien clair que le logarithme de 1, c'est 0,00 000, et que 1,00000 est le logarithme de 10). Les pages suivantes, jusqu'à la fin, n'ont que des fractions décimales sans caractéristique. — 4º La fraction décimale exprimée dans ces 29 dernières pages est toujours de cinq chiffres. Mais, va-t-on dire, il n'y en a que trois. C'est qu'à chaque groupe de trois chiffres placés dans une colonne logarithmique que domine et termine (en haut et en bas) un chiffre-titre, il faut joindre, en le plaçant en avant, le groupe de deux chiffres qu'on aperçoit sur le même alignement dans la colonne sans chiffre-titre. Ainsi page 25, ligne 31, vis-à-vis de 563, il faut lire aux dix colonnes logarithmiques comme fractions décimales 75051, 75059, 75066, 75074, 75082, 75089, 75097, 75105, 75113, 75120. Il n'y a point de ces remarques à faire pour la lecture des logarithmes des cinq premières pages, où l'on voit toujours les cinq figures à la suite de la caractéristique. — 5º Il a été dit et l'on aperçoit que la colonne sans chiffre-titre présente beaucoup de vides, et qu'en conséquence il est mainte occasion dans laquelle on ne trouve point dans l'alignement des dix groupes à trois chiffres qui doivent être les 3e, 4e et 5e, etc., de la fraction décimale du logarithme, le groupe de deux figures initiales : par exemple, page 13, ligne 8, vis-à-vis de 140, on lit bien 613, 644, etc., mais de groupe initial on n'en voit pas. On a recours alors à l'alignement précédent le plus voisin : dans l'exemple ci-dessus ce serait à 14, qui, joint aux groupes de cinq chiffres, fait 14613, 14644, etc., etc. ; page 33, ligne 30, vis-à-vis de 829, ce serait à 91, et on formerait avec ce groupe initial les fractions décimales 91855, 91861, 91866, etc. — 6° (*Remarque essentielle.*) Certains groupes de trois chiffres sont précédés d'un astérisque en haut; cela veut dire qu'il faut rapporter ces trois chiffres, non pas au groupe des deux initiales auquel ils appartiennent, mais à celui qui le suit immédiatement. Exemple : vis-à-vis de 107, colonne du chiffre titre 8, se voit 262, et le groupe de deux initiales est 02 ; dès-lors prenez le groupe suivant 03, et, au lieu de 02262, lisez 03262. Page 10, vis-à-vis de 33, colonne du chiffre-titre 9, est 020, et le groupe de 2 initiales est 51, qui est suivi du groupe 53 : il faut lire 53020, et non 51020.

Comment se rapportent l'un à l'autre le logarithme et le nombre.

Le logarithme (c'est-à-dire le groupe formé par les trois derniers chiffres de la fraction décimale du logarithme) occupe toujours une place qu'on peut regarder comme le point où se coupent deux lignes, l'une verticale (qui est une colonne portant en haut et en bas un chiffre-titre), l'autre horizontale (formée d'un nombre de la colonne numérique et de dix groupes de fraction décimale logarithmique, et quelquefois d'un groupe de deux initiales). D'après cela : — 1° *Etant donné un nombre, on trouve son logarithme* au point où se coupe la colonne verticale qui a pour chiffre-titre le dernier chiffre du nombre proposé et la ligne horizontale qui commence par les autres chiffres de ce nombre (exemple : étant donné 8375, le log. (pag. 43) de ce nombre est au point de rencontre de la colonne verticale 5 et du prolongement de 837; c'est 298 qu'il faut lire, comme on l'a dit plus haut, 92298, et auquel on donne la caractéristique 3, vu que 8375 est plus grand que 1000 et moins grand que 10000). — 2o *Etant donné un logarithme (à 5 décimales), on trouve son nombre* en cherchant dans les colonnes le logarithme en question (ce qui se fait en cherchant d'abord au groupe initial les deux premières décimales, puis dans les colonnes à chiffres-titres les trois figures suivantes), puis en se rendant de là horizontalement au nombre de la colonne numérique, verticalement au chiffre-titre, et en réunissant ce chiffre-titre au nombre, pour les lire comme un seul nombre. Soient les décimales du logarithme donné 95366 : après avoir trouvé dans la colonne sans chiffre-titre 95 (p. 35) et dans une des autres 366, ce qui donne bien 95366, de cette fraction 95366 on retournera verticalement au haut de la colonne, puis horizontalement à la gauche de la page jusqu'à la colonne numérique; on verra en haut 8, à gauche 898, et on lira tout d'une pièce 8988, nombre du logarithme qui a pour fraction décimale 95,366 : effectivement

aux nombres	correspondent les logarithmes
8988000	6 . 95366
898800	5 . 95366
89880	4 . 95366
8988	3 . 95366
898 . 8	2 . 95366
89 . 88	1 . 95366
8 . 988	0 . 95366
0 . 8988	$\overline{1}$. 95366
0 . 08988	$\overline{2}$. 95366
0 . 008988	$\overline{3}$. 95366
0 . 0008988	$\overline{4}$. 95366

Car les chiffres significatifs restant les mêmes et au même rang relatif, dans le nombre, la caractéristique seule change dans le logarithme.

Si l'on ne trouvait pas les décimales du logarithme dans la table : — 1º Il faudrait diminuer soit de 1, soit de 2 la deuxième décimale du logarithme. Par exemple : étant donné le logarithme 3.63033 ; comme, dans la série des groupes appartenant à 63, on ne trouve pas 033, qu'on cherche dans la série précédente (62, qui égale 63 moins 1), on y découvrira 033 précédé d'une étoile en haut : cela veut dire qu'il faut lire non pas 62033, mais 63033. On a donc mis la main sur ce que l'on cherchait. — 2º Si cet artifice ne réussissait pas, on conclurait que le logarithme en question appartient à un nombre intermédiaire plus fort que le logarithme du nombre qui correspond au logarithme plus fort, moins fort que le nombre qui correspond au logarithme moindre que celui qu'on cherche. Que, par exemple, un logarithme offre pour fraction 92352 ; comme on ne trouve dans la table que 92350 et 92355, de quelque manière que l'on s'y prenne, on peut tenir pour sûr que 92352 est le logarithme d'un nombre entre 8385 et 8386 : effectivement c'est 8385.4, plus faible que 8386, et plus fort que 8385. (Ainsi 0.92352 est le logarithme de 8.3854 ; 1.92352 est le logarithme de 83.854 ; 3.92352 est le logarithme de 8385.4 ; etc.).

Le chiffre souligné (qui termine certains groupes logarithmiques de trois figures, et qui, comme on voit, est toujours la 5ᵉ figure de la fraction décimale du logarithme) *indique* que, dans la fraction décimale vraie, le 6ᵉ chiffre (que l'on néglige dans ces tables) est ou 5 ou plus fort que 5, mais que le 5ᵉ est plus fort d'une unité. Exemple (page 33, ligne 34) : 742, qu'il faut lire 937.42, est en réalité 937417 (le 5ᵉ chiffre est 1 au lieu de 2, et le sixième est plus fort que 4). Mais si le logarithme vrai était 937414 ou 937413, on ne lirait au groupe de trois figures que 741.

N. B. On sait que lorsqu'on abrége des fractions décimales, c'est-à-dire lorsque l'on supprime les derniers chiffres, on augmente de 1 le dernier qu'on écrit, si le premier qu'on supprime passe 4 ; 0.7453278 peut s'écrire 0.7453 ou 0.745 ; mais avec six ou cinq chiffres il faudrait écrire 0.745328 ou 0.74533 ; avec 2 décimales seulement on écrirait 0.75.

DEUXIÈME TABLE,

Ou table qui donne les logarithmes des sinus et tangentes pour le rayon = 10 000 000 000.

Cette table a 40 pages, lesquelles se divisent ainsi : 4 au commencement, 32 au milieu, 4 à la fin ; les quatre premières sont consacrées aux sinus et tangentes de 0° à 5° ; les quatre dernières aux sinus et tangentes de 85° à 90°.

I. Pour les sinus des arcs entre 0° et 5°, au commencement de cette table, les première et dernière colonnes de chaque page contiennent les minutes de ces arcs, dont les degrés sont marqués au-dessus des colonnes intermédiaires. Le logarithme du sinus d'un de ces arcs se trouve donc dans la colonne et dans la ligne qui contiennent les degrés et les minutes de cet arc. Ainsi log. siq. 3° 38' = 8.80189. Comme le sinus d'un arc x est en même temps le cosinus de son complément, 9° — x, le logarithme du sinus se prend aussi comme logarithme du cosinus d'un arc dont les degrés sont marqués non au-dessus, mais au-dessous de la colonne, et dont les minutes sont sur la même ligne, dans la dernière colonne à droite. Ainsi, prenant le logarithme précédent pour exemple, 8.80189 est aussi log. cos. 86° 22'. On a suivi la même méthode à la fin de la table, pour les logarithmes des sinus d'arcs qui tombent entre 85° et 90°. Ainsi, log. sin. 88° 17' = 9.99981 — log. cos. 1° 43'.

II. Les logarithmes des sinus et cosinus qui tombent entre 5° et 85°, et qui n'ont pas de mi-

nutes, sont isolés entre leurs doubles dénomina-
tions au-dessus et au-dessous des cinq sections de
chaque page. Par exemple : log. sin. 71° =
9.97567 = log. cos. 19°. Mais s'il y a des minutes, on n'a qu'à chercher les trois dernières décimales du logarithme demandé dans la section au-
dessus de laquelle est à gauche la syllabe *sin*.
avec le nombre des degrés, c'est-à-dire à l'en-
droit où les chiffres placés à gauche dans la colonne des dizaines de minutes, ajoutés au chiffre
d'unités de minutes qui est au-dessus de la colonne où se trouvent ces trois dernières décimales, forment la somme des minutes en question. Les deux premières décimales sont avant la
colonne 0, ou dans la même ligne que les décimales déjà trouvées, ou immédiatement au-dessus,
excepté quand, avant les trois dernières décimales, il se trouve une étoile ou deux. Dans ce cas,
on augmente la seconde décimale d'une ou de deux
unités. Les caractéristiques doivent se prendre de
celles des logarithmes qui sont au-dessus et au-
dessous de la section. Si ces sinus sont pris pour
les cosinus de leurs compléments, on trouve les
degrés de ces arcs à droite au-dessous de la même
section, dans l'intervalle qui la sépare de la section suivante, près de la syllabe *cos.*; et les chiffres placés à droite, dans la colonne des dizaines
de minutes, en suivant la même ligne que pour le
sinus, ajoutés au chiffre des unités de minutes,
qui est au-dessous de la colonne où se trouvent
les trois dernières décimales du sinus, forment la
somme des minutes cherchées. Par exemple :

Log. sin. 40° 34′=9.81314=log. cos. 49°·26,
Log. sin. 23° 28′=log. cos. 66° 32′=9,60012,
et non=9,59012.
Log. sin. 5° 29′=log. cos. 84° 31′=8,98026,
et non=8,96026.

III. La construction de la table pour les logarithmes des tangentes et cotangentes est absolument la même que celle qui vient d'être décrite. Par exemple, on trouve :

Log. tang. 3° 7′= 8,73600=log. cot. 86°53′
Log. tang. 86° 3′=11,16084=log. cot. 3°57′
Log. tang. 17° = 9,48534=log. cot. 73°
Log. tang. 5°25′= 8,97691=log. cot. 84°35′
Log. tang. 84° 9′=10,98945=log. cot. 5°31′
Log. tang. 84°20′=11,00338=log. cot. 5°40′
Log. tang. 84°48′=11,04092=log. cot. 5°12′

REMARQUES.

N. B. 1° La dernière page contient quelques nombres qui, dans l'usage de ces tables, reviennent le plus souvent, et que l'on doit pour cette raison avoir toujours sous la main.

2° Les logarithmes des sécantes et cosécantes sont de peu d'usage dans les calculs ordinaires ; si, pourtant, on voulait les avoir, il n'y aurait aucune difficulté à les trouver par le moyen de ces tables. Car, si le logarithme du rayon est 10,00000, celui de la sécante d'un arc sera égal à la différence entre 20 et le logarithme du cosinus de cet arc ; et celui de la cosécante, à la différence entre 20 et celui du sinus ; puisque

$$\text{Séc.} = \frac{r^2}{\cos.}, \qquad \text{coséc.} = \frac{r^2}{\sin.},$$

en d'autres termes,

$$\text{Log.} \begin{cases} \text{séc.} \\ \text{coséc.} \end{cases} = 20 - \text{I.} \begin{cases} \cos. \\ \sin. \end{cases}$$

3° Un plus grand nombre de décimales dans les logarithmes est le plus souvent inutile. Lalande témoigne qu'il n'a presque jamais eu besoin d'en employer plus de cinq : aussi n'en a-t-il pas donné davantage à chaque logarithme dans ses tables.

4° J'ai vérifié sur celles de Callet et de Lalande, formées elles-mêmes sur de plus grandes, tous les chiffres des miennes. L'édition allemande n'est pas exempte de fautes. Ainsi, p. 5, elle dit que log. 389=2,33020 et non 2,31020; il fallait dire =2,53020, et non 2,51020. Et, p. 28, 425 pour 525; p. 37, 97 pour 98; p. 41, elle fait log. tang. 3° 27' =8,78822, il faut 8,78022.

5° Les tables des logarithmes des nombres ne ne vont que jusqu'à 10000; mais on doit savoir par Lacroix, Reynaud, ou d'autres, comment on peut les faire aller jusqu'à 100000, et plus, si l'on veut.

ARTICLE III.

Application des logarithmes aux calculs d'intérêt.

§ 1. *Intérêt simple.*

Lorsqu'on place une somme à intérêt, on est convenu de prendre pour terme de comparaison le nombre 100. Ce que rapportent 100 fr. en un an est appelé le taux de l'intérêt.

Il peut se présenter quatre questions sur l'intérêt simple. Nous allons du même coup les résoudre toutes quatre à l'aide d'une formule algébrique.

Soit c le capital, i le taux, s les intérêts et t le temps exprimé en années, ou fraction d'années.

Cherchons quelle relation existe entre ces quatre quantités. 100 fr. rapportent i fr. en un an ; par conséquent, en t années, ils rapporteront t fois plus, c'est-à-dire ti ; donc 1 fr. en t années rapporte

$$\frac{ti}{100}$$; par suite, le capital c fr. en t années rap-

porte c fois plus que 1 fr. ou $$\frac{ict}{100}$$; cette quan-

tité est ce que nous avons représenté par s ; donc enfin

$$s = \frac{ict}{100}$$

Cette formule fait connaître l'une des quatre quantités s, t, i, c, lorsqu'on connaît déjà les trois autres ; elle sert donc à résoudre quatre problèmes distincts.

En effet, il y a dans cette formule quatre quantités qui peuvent être inconnues chacune à son tour ; on peut, connaissant trois de ces quantités, chercher à déterminer le revenu s, ou le taux i, ou le capital c, ou enfin le temps t. Dans tous ces cas il suffira de résoudre une équation du premier degré à une seule inconnue.

1° On connaît i, c et t, trouver s.

$$s = \frac{ict}{100}.$$

2° On connaît s, c et t, trouver i.

$$i = \frac{100\,s}{ct}.$$

3° On connaît s, i et t, trouver c.

$$c = \frac{100\,s}{it}.$$

4° On connaît s, i et c, trouver t.

$$t = \frac{100\,s}{ic}.$$

Si à ces diverses formules on veut appliquer le logarithme, on aura :

1° log. $s =$ log. $i +$ log. $c +$ log. $t - $ **2.**
2° log. $i = $ 2 $+$ log. $s -$ log. $c -$ log. t.
3° log. $c = $ 2 $+$ log. $s -$ log. $i -$ log. t.
4° log. $t = $ 2 $+$ log. $s -$ log. $i -$ log. t.

Tels sont les quatre problèmes que permet de résoudre la formule.

On peut en simplifier l'écriture. En effet, si au lieu de prendre le taux i par rapport à 100 fr., on le prend par rapport à 1 fr. il sera 100 fois plus petit, ou $\dfrac{i}{100}$; désignons $\dfrac{i}{100}$ par la lettre r, et la formule devient

$$s = crt$$

Il pourrait encore entrer dans la question un autre élément connu ou inconnu : c'est la somme du capital réuni aux intérêts ; nous la désignerons par C, et on a visiblement

$$C = c + crt = c\,(1 + rt)$$

Les deux formules ci-dessus renferment en tout cinq quantités : s, c, r, t, C, et il suffira de connaître trois quelconque de ces cinq quantités pour déterminer les deux autres d'après les règles connues pour la résolution de deux équations du premier degré à deux inconnues.

Dans les cas les plus ordinaires, les calculs sont fort aisés, et s'exécutent en quelque sorte d'eux-mêmes. Mais la moindre réflexion suffit pour faire sentir qu'il n'en peut être toujours ainsi, et dans ces cas, évidemment les plus nombreux, on est bien aise de s'épargner de la peine et du temps. Or, c'est ce que peuvent faire les logarithmes, ainsi que nous l'avons montré ci-dessus.

Prenons comme exemple le problème suivant : combien produisent d'intérêts en 6 ans, à 5 %, l'an 25000 fr. ? Dans ce cas $t = 6$, $i = 5$, $c = 25000$, s est inconnu. — On a donc

$$\log s = \log. 6 + \log 5 + \log 25000 - 2$$

$$\log. 25000 = 4.39794$$
$$\log. \quad\ \ 6 = 0.77815$$
$$\log. \quad\ \ 5 = 0.69897$$
$$\overline{\qquad\qquad\qquad 5.87506}$$
$$\log. \quad 100 = 2$$
$$\log. \qquad s = 3.87506$$

Si on cherche dans la table à quel nombre correspond ce logarithme, on trouve $s = 7500$.

§ 2. Intérêt composé.

Les questions qui précèdent sont de toutes les questions relatives à l'intérêt les plus simples et les plus commodes à calculer ; mais quand on en possède bien la théorie et le mécanisme, toutes celles qui suivent deviennent elles-mêmes très faciles.

Telles sont, par exemple, les questions relatives à l'intérêt composé.

On dit que l'intérêt est composé lorsque, le capital restant toujours placé, les intérêts à la fin de chaque année s'accumulent avec le capital et produisent eux-mêmes intérêt.

Par exemple, si une somme de 100 fr. est placée à intérêt composé à 5 % l'an, au bout d'un an elle vaudra 105 fr., et le nouveau capital qui portera intérêt pendant la deuxième année sera 105 fr. au lieu de 100 fr. : 105 fr., au bout de l'année, auront produit d'intérêt 5 fr. 25 c. qui, ajoutés à 105 fr., donneront un nouveau capital égal à 110 fr. 25 c.; et ainsi de suite.

Proposons-nous de chercher une formule qui détermine ce que devient un capital après un certain nombre n d'années.

En appelant toujours r l'intérêt de 1 fr. (ce serait 0,04 si le taux était 4 % ; 0,05 si le taux était 5 %, etc.), le capital grossi des intérêts au bout de la première année est

$$C = c + cr = c(1 + r)$$

Ceci nous montre que pour savoir ce que devient un capital, au bout d'un an, à intérêts composés, il suffit de multiplier le capital primitif c par $1 + r$, c'est-à-dire par l'unité augmentée de l'intérêt de 1 fr. par an. Or, au commencement de la deuxième année le nouveau capital est $c(1 + r)$: donc à la fin de cette deuxième année il sera devenu

$$c(1 + r)(1 + r) \text{ ou bien } c(1 + r)^2$$

A la fin de la troisième on aurait de même

$$c(1 + r)^2(1 + r) \text{ ou } \quad c(1 + r)^3$$

A la fin de la quatrième année

$$c(1 + r)^3(1 + r) \text{ ou } \quad c(1 + r)^4$$

à la fin de la vingtième année

$$c(1 + r)^{20}$$

Et en général, après un nombre n d'années, le capital sera devenu

$$C = c(1 + r)^n$$

Pour traduire cette formule en langage vulgaire, on dira :

La valeur que prend un capital placé à intérêt composé à un certain taux, pendant un certain nombre d'années, s'obtient en multipliant le capital primitif (qui était ici c) par une somme composée de l'unité augmentée de l'intérêt de 1 fr. par an, cette somme étant élevée à une puissance marquée par le nombre d'années (c'est ici $[1 + r]^n$).

Ainsi, par exemple, si le capital était 100 fr. placé à 5 % pendant trois ans, l'intérêt de 1 fr.

est ici 0 fr. 05 c., donc $1 + r = 1 + 0,05 = 1,05$

$$C = 100 \times 1,05^3 = 115 \text{ fr. } 7625$$

Cette formule renferme quatre quantités C, c, r, n, desquelles il suffit de connaître trois pour déterminer la quatrième ; ce qui donne lieu à quatre problèmes. La formule transformée en logarithmes donne

$$\log. C = \log. c + n \log (1 + r)$$

et la solution des quatre problèmes sera donnée par les quatre formules suivantes

1° $\log. C = \log. c + n \log. (1 + r)$

2° $\log. c = \log. C - n \log. (1 + r)$

$$3° \quad n = \frac{\log. C - \log. c}{\log. (1 + r)}$$

$$4° \quad \log. (1 + r) = \frac{\log. C - \log. c}{n}$$

Il faut remarquer que de la dernière on déduira la valeur de $1 + r$; mais alors il sera facile d'avoir celle de r ; pour cela il suffira de retrancher l'unité de celle qu'on aura trouvée pour $1 + r$.

Prenons comme exemple la question suivante. A quel taux faut-il placer 1500 fr. pour qu'en trois ans le capital devienne 2592 fr. ?

Ici r est inconnu : $C = 2592$, $c = 1500$, $n = 3$; on prendra donc la quatrième formule

$$\log. (1 + r) = \frac{\log. 2592 - \log. 1500}{3}$$

$$\log.\ 2592 = 3.41373$$
$$\log.\ 1500 = 3.17609$$

Différence $\quad 0.23764$

Tiers de la différence ou log. $(1 + r) = 0.07921$
$$1 + r = 1.20$$
$$r = 0.20$$

L'intérêt de 1 fr. étant 0,20, l'intérêt de 100 fr. ou le taux est 100 fois plus fort, c'est-à-dire 20; il faudra donc placer le capital à 20 %.

§ 3. *Intérêts composés successifs.*

Quelle valeur produira-t-on au bout d'un certain nombre d'années, si on ajoute chaque année au capital primitif un capital égal, et si on accumule avec toutes ces sommes leurs intérêts composés?

Telle est la question qui se présente maintenant. Elle est plus compliquée que la précédente; cependant elle peut se résoudre avec la même simplicité.

Désignons toujours par n le nombre d'années, par c le capital, et par r l'intérêt de 1 fr.

Le capital c, placé au commencement de la première année, vaudra après n années, comme on l'a vu dans l'article précédent,

$$c (1 + r)^n$$

Le même capital c, placé au commencement de la deuxième année ne porte intérêt que pendant $(n - 1)$ années, il vaut donc au bout de ce temps

$$c (1 + r)^{n-1}$$

Le même capital c, placé au commencement de la troisième année, ne produira que

$$c\,(1+r)^{n-2}$$

et ainsi de suite; et enfin ce capital c, placé au commencement de la n^{me} année, n'étant resté qu'un an, ne produira que

$$c\,(1+r)$$

De sorte que la somme C, qu'on doit retirer au bout de n années, est égale à la somme de toutes les quantités qui précèdent:

$$C = c\,(1+r)^{n} + c\,(1+r)^{n-1} +$$
$$c\,(1+r)^{n-2} + \ldots\ldots\ldots + c\,(1+r)$$

ou bien

$$C = c\,(1+r)\,[(1+r)^{n-1} + (1+r)^{n-2} + \ldots + 1]$$

La quantité entre parenthèses est une progression géométrique dont on sait trouver la somme; cette somme a pour valeur $\dfrac{(1+r)^{n}-1}{1+r-1}$. Donc

$$C = \frac{c\,(1+r)\,[(1+r)^{n}-1]}{r}$$

Cette formule donne lieu à quatre problèmes, selon que l'une des quatre quantités C, c, n, r, qui s'y trouvent est inconnue.

Réduite en logarithmes, elle donne les expressions suivantes:

(1) $\log.\ C = \log c + \log.\ (1+r) + \log.$
$$[(1+r)^{n}-1] - \log r$$

$$(2) \quad \log. c = \log. C - \log. (1 + r) - \log. [(1 + r)^n - 1] + \log. r$$

Si n était inconnu, on aurait l'équation

$$\log. [(1 + r)^n - 1] = \log. C + \log. r - \log. c - \log. (1 + r)$$

Cette formule fera connaître $(1 + r)^n - 1$; représentons cette quantité par b, et nous aurons

$$(1 + r)^n = b + 1$$

d'où l'on déduit

$$n = \frac{\log. (b + 1)}{\log. (r + 1)}$$

On aurait pu encore tirer directement de l'équation, sans passer par les logarithmes

$$(1 + r)^n = \frac{(C + c) r + c}{c (1 + r)}$$

d'où

$$n = \frac{\log. [(C + c) r + c] - \log. (1 + r) - \log c.}{\log. (1 + r)}$$

Reste enfin le cas où l'intérêt r est inconnu. Posons alors $r + 1 = x$, et l'équation devient

$$C = \frac{c x (x^n - 1)}{x - 1}$$

d'où l'on tire

$$c x^{n+1} - (c + C) x + C = 0$$

équation du $n + 1^{me}$ degré, que l'on sait résoudre par approximation au moyen des procédés qu'enseigne l'algèbre.

Appliquons ces formules à un exemple numérique. Que produisent 3000 fr. placés périodiquement pendant 20 ans, à 5 % par an ?

Ici $c = 3000$ fr. $n = 20$ $r = 0,05$

$$C = \frac{3000 \times 1,05 \, [1,05^{20} - 1]}{0,05}$$

$$= \frac{3000 \times 105 \, [1,05^{20} - 1]}{5}$$

$$= 3000 \times 21 \, [1,05^{20} - 1]$$

$$
\begin{aligned}
\log. 1,05 &= 0,02119 \\
20 \times \log. 1,05 &= 0,42380 \\
\text{Nombre de ce logarithme} &= 2,653 \\
-1 &= 1,653 \\
\log. 1,653 &= 0,21827 \\
\log. 21 &= 1,32222 \\
\log. 3000 &= 3,47712 \\
\hline
\text{somme} &= 5,01761
\end{aligned}
$$

Nombre de ce logarithme $= 104100$

Ainsi la somme cherchée est 104100 fr.

§ 4. Annuités.

Une opération inverse, mais plus compliquée, est celle que l'on nomme annuités. Voici ce que signifie ce mot.

Un homme ayant placé d'abord une certaine

somme a, opère ensuite à la fin de chaque année un prélèvement b; que lui reste-t-il au bout de n années?

Cette question rentre évidemment dans la précédente : car la somme a qu'il place aujourd'hui vaudra dans n années $a(1+r)^n$; de cette somme il faut retrancher tout ce qu'il a prélevé. Or, s'il retire b chaque année pendant $n-1$ année, c'est comme s'il enlevait d'un seul coup au bout des $n-1$ années ce que vaut l'annuité b dans cet espace de temps, c'est-à-dire

$$\frac{b(1+r)[(1+r)^{n-1}-1]}{r}$$

Donc

$$C = a(1+r)^n - \frac{b(1+r)[(1+r)^{n-1}-1]}{r}.$$

Cette formule est peu commode pour le calcul des logarithmes; car il faudra calculer séparément les diverses parties, puis revenir des logarithmes aux nombres pour effectuer la soustraction.

Il se présente encore ici un autre genre de question facilement résoluble à l'aide des principes précédents.

Une personne emprunte actuellement une somme C, remboursable par annuités. On demande la quotité de l'annuité.

Soit a cette annuité, et n le nombre d'années.

La première somme payée au bout de la première année vaudrait après n années à partir du jour de l'emprunt :

6.

$$a(1+r)^{n-1}$$

la deuxième $\qquad a(1+r)^{n-2}$

$$\text{etc.}$$

et enfin la dernière donnée au bout des n années est égal et à a

La somme de toutes ces quantités

$$a(1+r)^{n-1}+a(1+r)^{n-2}+a(1+r)+a$$

est celle d'une progression géométrique, et l'on sait qu'elle est égale à

$$\frac{a\left[(1+r)^n-1\right]}{r}$$

La dette C, au bout de n années, vaut $C(1+r)^n$; et comme la somme remboursée doit être égale à la somme due, on aura la formule

$$C(1+r)^n = \frac{a\left[(1+r)^n-1\right]}{r}$$

équation d'où l'on peut tirer la valeur de l'annuité a, et qui donne lieu à quatre problèmes différents, selon que C, n, a ou r sont inconnus.

On aura donc les formules suivantes:

1° $\log. C = \log. a + \log. \left[(1+r)^n-1\right]$
$\qquad - \log. r - n \log. (1+r)$

2° $\log. a = \log. C + \log. r + n \log. (1+r)$
$\qquad - \log. \left[(1+r)^n-1\right]$

Si c'est n qui est inconnu, on tire la formule

$$(a-Cr)(1+r)^n = a$$

d'où

$$3° \quad n = \frac{\log. a - \log. (a - C r)}{\log. (1 + r)}$$

Enfin si r est inconnu, posons comme précédemment $1 + r = x$

d'où

$$4° \quad C x^{n+1} - (a + C) x^n - a = o$$

équation du $n + 1^{me}$ degré qu'il faudra résoudre directement.

Il se présenterait ici beaucoup d'autres problèmes analogues ; mais comme tous se résolvent par les mêmes principes, et du reste se trouvent dans la plupart des traités, nous ne nous étendrons pas plus au long sur ce sujet.

§ 4. *Rentes viagères.*

Parmi les nombreuses applications de la théorie des annuités, il faut remarquer les rentes viagères.

La rente viagère n'est au fond qu'une annuité servie par l'emprunteur au prêteur, et moyennant laquelle il est censé lui rembourser et capital et intérêts.

La rente viagère de 10000 fr., par exemple, payée pendant 20 ans, rembourse au taux de 5 1/2 pour 100 un capital de 119496 fr.; au taux de 5, un capital de 124622 ; et la question précédente peut très bien être celle que s'adresse un homme qui a des fonds à placer : « Pour me faire servir pendant 20 ans 10000 fr. de rente (en supposant le percentage de 5 1/2), que dois-je donner aujourd'hui? Réponse, 119496 fr.

La question des rentes viagères, au reste, suppose toujours un élément douteux: c'est celui du temps qu'on peut encore avoir à vivre. On a dressé à cet effet des tables, dites *tables de mortalité*, où l'on voit sur une colonne l'âge atteint par l'individu ; sur deux autres, le nombre d'années et de mois qu'il a encore à vivre. En voici un court résumé.

AGE.	TEMPS A VIVRE.	
	ans.	mois.
0	28	9
1	36	4
5	43	5
10	40	10
15	37	5
20	34	3
25	31	4
30	28	6
35	25	11
40	22	1
45	20	3
50	17	6
55	14	9
60	11	11
65	9	7
70	7	7

Il est aisé de voir que dans les cas particuliers

on peut et l'on doit souvent dévier de cette table, et qu'une foule de circonstances (la santé, la carrière plus ou moins périlleuse que l'on court, etc.) forcent à modifier la probabilité. Mais dès qu'on opère sur un grand nombre d'individus, la rigueur mathématique se rétablit. C'est ce que l'on remarque dans les sociétés qui forment des tontines. Pris isolément, les rentiers peuvent gagner ou perdre ; mais la société qui agit sur l'ensemble bénéficie, pour peu qu'elle ait calculé ce qu'elle accorde un peu au-dessous de ce que strictement elle devrait donner aux rentiers.

Nous terminerons ce paragraphe relatif aux intérêts par une petite table donnant ce que doivent recevoir pour 100 fr., en viager, à 5 %, d'après les chances de la table précédente, les rentiers de différents âges :

AGE.	RENTE VIAGÈRE POUR 100 FR., A 5 %
0	9. 60
5	5. 70
10	5. 80
15	6. "
20	6. 10
25	6. 40
30	6. 00
40	7. 20
45	8. "
50	8. 50

Ces chiffres : 9. 60 ; 5. 70, etc., se trouvent au moyen de la formule

$$k = \frac{cb^n (b-1)}{q^n - 1}$$

en prenant pour n le nombre d'années qu'on a encore à vivre, selon la 1re table; ainsi, pour l'homme de 45 ans, la 1re table donnant 20 ans, on fait $n = 20$, $c = 100$, $b = 1.05$, et l'on trouve pour k la valeur 8 qu'on met dans la 2me table.

ARTICLE IV.

Usages divers en géométrie et en astronomie, etc.

§ 1. *En Géométrie.*

1° *Trouver la surface d'un cercle.*

On sait que la surface du cercle est donnée par la formule

$$S = \pi R^2.$$

dans laquelle π désigne le rapport de la circonférence au diamètre, 3.1415926, et R le rayon du cercle.

Si on passe de là aux logarithmes, on a

$$\log. S = \log. \pi + 2 \log. R.$$

Or

$$\log. \pi = 0.49715$$

donc

$$\log. S = 0.49715 + 2 \log. R.$$

Si par exemple le rayon vaut 12 décimètres, on a

$$\log. \; R = \log. \; 12 = 1.07918$$
$$2 \log. \; 12 = 2.15836$$
$$\log. \; \pi = 0.49715$$
$$\overline{\log. \; S = 2.65551}$$
$$\text{déc. carrés}$$
$$S = 452.4$$

2° *Trouver la surface d'un segment de cercle.*

Si R est le rayon, et n la longueur de l'arc exprimée en unités de longueur, cette surface a pour expression :

$$S = \frac{R}{2} \left(n - R \sin. \; \frac{n}{R} \right)$$

Cette quantité n'est pas commode pour le calcul logarithmique, et il faudra effectuer immédiatement les opérations.

Mais dans les applications on peut prendre approximativement la formule suivante :

$$S = \frac{n^3}{12 \, R}$$

3° *Trouver le sinus verse.*

Soit x un certain angle, le sinus-verse, en prenant le rayon pour unité, est exprimé par la formule

$$\sin. v. \; x = 1 - \cos x. = 2 \sin^2. \; \frac{x}{2}$$

Donc

$$\text{Log. sin. } v \, x = \log. \; 2 + 2 \log. \sin. \frac{x}{2} - 20$$

N. B. C'est surtout dans la navigation que l'on fait un très grand usage des sinus-verses.

4° Trouver le volume d'une sphère.

La géométrie donne la formule :

$$V = \frac{4}{3} \pi R^3.$$

donc

$$\log. V = \log. \frac{4}{3} \pi + 3 \log. R.$$

§ 2. En Trigonométrie (arpentage, etc.)

1° On connaît dans un triangle ABC rectangle en A, l'angle B (= 59° 37′ 42″, et le côté a (= 1785 mèt. 395) : trouver la valeur de l'angle C et des côtés b, c.

$$C = 90 - 59° 37′ 42″ = 30° 22′ 18″.$$

Reste à trouver les deux côtés inconnus.

1° Calcul de B.

$$b = a \sin. B$$

$$Ib = Ia + I \sin. B$$

I. 1785. 395	3. 2517343
I. sin. 39° 57′ 42″	9. 9358919
Ib	3. 1876262*
b	1540. 374

---

* On se rappellera que le log. 9. 9358919 est pris dans l'hypothèse r = 10, 000 000 000 ou lr = 10. Comme au bout du calcul il faut que r ait été pris pour l'unité, et le

2° *Calcul de c.*

$$c = a \cos. B.$$

I.	1785. 395	3. 2517343
I.	cos. 59° 37' 42"	9. 7038132
	lc	2. 9555475
	c	90. 2708

8° *Dans un triangle non rectangle* ABC, *on a* A = 56° 12' 47", b = 3084 mèt. 327, a = 2567 mèt. 845 : *quelles sont les valeurs de* B, *de* C, *de c?*

1° *Calcul de* B.

$$\sin. B = \frac{\sin. \times b}{a}$$

$$l\sin. B = l\sin. A + lb - la = l\sin. A + lb + l'a$$

l sin.	56° 12' 47"	9. 9196592
l 3084.	327	3. 4891604
l' 2597.	845	6. 5853868
	l sin. B	9. 9952084
B =	{ 80° 39' 45'	
	99° 20' 17"	

---

logarithme de *r* pour 0, on compense ce qu'on a fait de trop dans le commencement de l'opération, en supprimant 10 à l'addition. On arrive au même résultat en ne posant pour log. de la ligne trigonométrique que le chiffre de la table, affaibli de 10 (ce qui donne une caractéristique négative), et faisant l'addition régulièrement :

1.	1785. 395	3. 2519343
1.	sin. 59° 37' 42"	1. 9357919
	1. *b*	3. 1876262

C'est-à-dire qu'il y a deux solutions, un même sinus (et conséquemment le logarithme d'un même sinus) convenant également à deux angles également au-dessus et au-dessous de l'angle droit (à 88 comme à 92, à 75 comme à 105, à 37 1/2 comme à 142 1/2, à 15° 41 45" comme à 174° 18' 15": car 90 + 86° 18' 15" = 174 18' 15"; et 90 — 184° 8' 15" = 5° 41' 45").

$$2° \ Calcul \ de \ C.$$

$$(1) \ 1^{re} \ hypothèse, \ B = 80° \ 39' \ 43"$$
$$A = 56° \ 12' \ 47"$$
$$A + B = 136° \ 52' \ 30"$$
$$180°$$
$$C = 180 — (A + B) = 43° \ 7' \ 50"$$

$$(2) \ 2^{me} \ hypothèse, \ B = 99° \ 20' \ 17"$$
$$A = 56 \ 12 \ 47$$
$$A + B = 155° \ 33' \ 04"$$
$$180$$
$$C = 180 — (A + B) \quad 24° \ 26' \ 56"$$

$$3° \ Calcul \ de \ c.$$

$$c = \frac{a \times \sin. \ C}{\sin. \ A} \quad ou \ lc = la = l \sin. \ C = l'\sin. \ A$$

$$(1) \ 1^{re} \ hypothèse, \ C = 43° \ 7' \ 30"$$

l 2597. 845	3. 4146132
l sin. 43° 7' 30"	9. 8347972
l' sin. 56° 12' 47"	0. 0803408
lc	3. 3297512
c =	2136^m. 737

(2) 2ᵉ hypothèse, $C = 24°\ 26'\ 56''$

l 2597. 845	3. 4146132
l sin. 24° 26' 56"	9. 6168759
l' sin. 56° 12' 47"	0. 0803408
lc	3. 1118299
c	1293ᵐ. 989

8° *Marquer sur le terrain un point C dont on connaît les distances* a b, *à 2 points connus* A B. (Il est évident que le triangle ABC qu'on veut ainsi former ne peut l'être matériellement, en décrivant d'A et B, comme centres, deux arcs de cercle avec les distances données *a* et *b* comme rayon. Voyez la Géométrie.)

Les deux points A et B étant connus, la ligne AB est censée connue (et si on ne la connaît pas, il est permis de la mesurer): elle devient donc une des données, et le problème est celui-ci: « Etant donnés les trois côtés du triangle ABC, trouver les angles. »

$$a = 9459^m\ 31$$
$$b = 8032^m\ 29$$
$$c = 8242^m\ 58$$

Il est clair que, dès qu'on aura trouvé un des angles, les autres seront faciles à découvrir d'après les types qui précèdent. Tout se borne donc pour l'instant à découvrir la valeur d'un des angles, par exemple la valeur de A.

Et de plus, on se rappellera que dans la formule qui fournit la valeur de A

$$\sin. \frac{1}{2} A = \sqrt{\frac{(p - b)(p - c)}{b\,c}}$$

p désigne le demi-périmètre du triangle ou demi-somme des trois côtés. On aura donc

a	9459^m	31
b	8032	29
c	8242	58
$2\,p$	25734	18
p	12867	09
$p - b$	4834	80
$p - c$	4624	51

Cela posé, voici comment on procède au

Calcul de A.

l 4834 80	3. 6843785
l 4624 51	3. 6650657
l' 8032 29	6. 0951606
l' 8242 58	6. 0839368
2 l sin. 1/2 A	19. 5285416
l d°	9. 7642708

$$1/2\ A = 35° \ 31' \ 47''$$
$$A = 71° \ 3' \ 34''$$

9° *Quelle est la hauteur AB d'un édifice dont le pied est accessible?*

On sait qu'on place en C (à une distance qui ne soit ni très petite ni très grande, relativement à la hauteur présumée) un instrument à mesurer les angles, et que sur le terrain nivelé, menant de C, pied de l'instrument, au pied de l'édifice, une ligne BC, la plus courte possible, on mesure la ligne DE, parallèle à BC, et qui va de D, où l'on a l'œil, à E, point de la ligne BC ; on mesure l'angle EDA formé par l'horizontale DE et par DA.

De cette façon l'on connaît deux angles et un côté (car on sait que BED est droit), on mesure EDA, et l'on a mesuré la ligne DE. — Et il reste à connaître le 3ᵉ angle, l'hypothénuse DA, et la hauteur AE. De ces trois éléments inconnus on ne souhaite pour l'instant que AD, et quand à AD on aura joint la hauteur de l'œil au-dessus de l'instrument (CD égal à EB), on aura la hauteur demandée AB ; car AB = AE + EB.

Spécifions : DE = 61ᵐ 28, D = 41° 31′ 25″ ; et CD (que nous ajouterons plus tard à AE) = 1ᵐ 10.

Calcul d'AE.

$$AE = 61^m\ 28 \times \text{tang. } 41°\ 31'\ 25''$$

l 61. 28	9. 9471690
l tang. 41° 31′ 25″	1. 7873188
l AE	1. 7344878

$$AE = 54^m\ 261$$
$$1^m\ 10$$
$$AB = 54.\ 361$$

S'il arrivait que le pied de l'édifice fût inaccessible, ou que le sommet A fût comme la pointe d'un clocher superposé au milieu d'une église, ou l'élévation d'une colline sur le sol environnant, on ne pourrait mesurer BC, et on aurait une des trois données de moins ; mais on y suppléerait en déterminant AD ou l'hypothénuse, comme on va le voir dans l'exemple suivant. Les données alors seraient l'angle droit et l'angle à l'œil, plus l'hypothénuse, toujours (par conséquent) deux angles et un côté.

10° *Trouver la distance du point A où l'on est au point P, inaccessible, mais visible.*

On mesure une base AB, puis les angles PAB, PBA, ou angles A et B, et l'on a trois données.

De trois éléments qu'on peut chercher ensuite (l'angle P, le côté PB, le côté AP), on demande le dernier seulement. Faisons ce calcul (en supposant AB $= 247^m\,49$, A $= 62°\,41'$, B $= 59°\,42'$; d'où P $= 57°\,37'$).

Calcul d'AP.

$$\sin. P : \sin. B :: AB : AP. \text{ D'où}$$

$$AP = \frac{AB \times \sin. B}{\sin. P}$$

l. AP $=$ l. AB $+$ l. sin. B $+$ l' sin. P.

l. $247^m\,49$	2. 3935577
l. $59°\,42'$	9. 9362098
l. $57°\,37'$	0. 0734087
l AP	2. 4031762

$$AP = 253^m\,032$$

On veut au contraire, étant au point A, mais ne mesurant point de base aboutissant à ce point, savoir combien il y de ce point à une ligne plus ou moins lointaine, dont on donne ou dont on peut mesurer la longueur, comme, par exemple, une portion de rempart, RR'. — Supposons que l'ingénieur, après avoir trouvé $RR' = 153^m$, mesure les angles en R et en R', formés par RR', et la ligne allant de R en A, et de R' en a, et que les angles soient, l'un droit, l'autre de 82° 33'. On a

$$\text{Cos. } 82° 35' : 153 :: r : R'A$$

$$\text{D'où } R'A = \frac{r \times 153}{\text{cos. } 82° 35'}$$

lr + l 153	1. 18469	
l cos. 82° 55'	2. 11087	
l R'A	3. 07382	

$$R'A - 1185$$

11° *Trouver la distance de deux points* P, Q, *inaccessibles, mais visibles* (censés dans un même plan).

On mesure 1° une base AB ; 2° les angles (dont deux en A, deux en B) BAP, BAQ, ABP, ABQ, appartenant aux deux triangles formés par la base et les lignes visuelles menées de A à P et à Q, de B à P et à Q ; puis dans le 1er triangle (APB) on détermine le côté AP ; on détermine dans le 2me (AQB) le côté AQ ; ces deux côtés forment ensemble un angle PAQ, appartenant à un 3me triangle, angle qu'on peut avoir, soit en le mesurant directement, soit en réfléchissant que PAQ = BAP — BAQ.

On a donc trois données, savoir un angle (PAQ) et deux côtés AP, AQ : les trois éléments inconnus sont les angles APQ, AQP, et le 3me côté PQ. Dans le problème actuel, on demande PQ.

Admettons pour spécialiser qu'on ait trouvé

$$AP = 345^m 29$$
$$BAP = 69° 26$$
$$BAQ = 44° 31'$$
$$PAQ \ (BAP — BAQ) = 25° 41'$$
$$ABP = 48° 15'$$
$$ABQ = 102° 14'$$
$$\text{d'où} \ \begin{cases} APB = 62° 19' \\ AQB = 33° 15' \end{cases}$$

On effectuera ainsi qu'il suit la recherche finale, ou

Calcul de PQ.

1° PRÉPARATIONS.

(1) Calcul d'AP.

$$\sin. APB : \sin. ABP :: AB : AP$$

$$AP = \frac{AB \times \sin. ABP}{\sin. APB}$$

l 345^m 29	2. 5381840
l sin. 48° 15'	9. 8727722
l' sin. 62° 19'	0. 0527973
l' AP	2. 4637555

$$AP = 290^m 907$$

(2) Calcul d'AQ.

$$\sin. AQB : \sin. ABQ :: AB : AQ$$

$$AQ = \frac{AB \times \sin. ABQ}{\sin. AQB}$$

$$\begin{array}{ll} \text{l } 345^m\ 29 & 2.\ 5381840 \\ \text{l sin. } 102^\circ\ 14' & 9.\ 9900247 \\ \text{l' sin. } 33^\circ\ 15' & 0.\ 2609871 \\ \hline \text{l AQ} & 2.\ 7891958 \end{array}$$

$$AQ = 615^m\ 454$$

(3) Calcul des angles P et Q.

N. B. Soit $AQ = p \qquad AP = q$

$$\begin{array}{ll} p + q = & 906^m\ 361 \\ p - q = & 324.\ 547 \end{array}$$

De plus $\dfrac{1}{2}(P+Q) = 77^\circ\ 9'\ 30''$

et $p + q : p - q :: \text{tang.} \dfrac{1}{2}(P+Q) : \text{tang.} \dfrac{1}{2}(P-Q)$

d'où $\text{tang.} \dfrac{1}{2}(P - Q) = \dfrac{(p\text{-}q)\times \text{tang.} \dfrac{1}{2}(P+Q)}{p + q}$

$$\begin{array}{ll} \text{l. } 324.\ 547 & 10.\ 6421427 \\ \text{l tang. } 77^\circ\ 9'\ 30'' & 2.\ 5115776 \\ \text{l' } 906.\ 361 & 7.\ 0426988 \\ \hline \text{l. tang.} \dfrac{1}{2} P{-}Q) = & 10.\ 1961191 \end{array}$$

$$\dfrac{1}{2}(P - Q) = 57^\circ\ 21'\ 6''$$

d'où tour à tour addit. ou soustr. avec $\dfrac{1}{2}(P + Q)$

$$P = 134° \ 40' \ 36''$$
$$Q = \ \ 19° \ 38' \ 24''$$

2° *Calcul de* PQ.

$$\text{sin. } Q : \text{sin. } PAQ :: P : PQ$$

$$PQ = \frac{q \times \text{sin. } PAQ}{\text{sin. } Q}$$

l 290^m 907 =	— 2. 4637535
l sin. 25° 41' =	9. 6368859
l' sin. 19° 38' 24'' =	0. 4735096
l PQ =	2. 5741590
PQ = 375^m 110	

Dans la préparation ci-dessus on a obtenu les valeurs de P et de Q au moyen de AP (ou q) et de AQ (ou p); de sorte qu'il a fallu, après avoir le lq et le lp, passer (à l'aide d'une double recherche dans les tables) de lq à q, et de lp à p. S'il arrivait qu'on n'eût pas besoin en fin de compte de connaître p et q, comme ici, où ce que l'on demande c'est PQ, on pourrait s'épargner la double recherche de ces nombres p et q, par le calcul d'un angle auxiliaire ψ dont la tangente équivaut au rapport de q à p, c'est-à-dire tel que

$$\text{tang. } \psi = \frac{q}{p}$$

Nous ne pouvons donner ici la démonstration de ce moyen, mais voici le type du

Calcul de P et Q sans chercher p et q

(1) Calcul de ψ.

$$
\begin{array}{ll}
lq & 2.\ 4637535 \\
lp & 7.\ 2108042 \\
\hline
\text{l tang. } \psi & 9.\ 6745577 \\
\psi = & 25^\circ\ 17'\ 55'' \\
\text{d'où } 45 - \psi = & 18^\circ\ 42'\ 5''
\end{array}
$$

(2) Calcul de P et Q.

$$\text{tang.} \frac{1}{2}(P-Q) = \text{tang.} \frac{1}{2}(P+Q) \times \text{tang.}(45-\psi)$$

$$
\begin{array}{ll}
\text{l. } 10.\ 6421427 & 10.\ 6421427 \\
\text{l. tang. } 19^\circ\ 42'\ 5'' & 9.\ 5539790 \\
\hline
\text{l. tang.} \dfrac{1}{2}(P-Q) & 10.\ 1961217
\end{array}
$$

$$\frac{1}{2}(P-Q) = 57^\circ\ 31'\ 6''$$

12° *On a mesuré la surface d'une forêt de
285 toises carrées sur une montagne inclinée de
30 degrés; on veut rapporter à un plan horizontal.*

Le plan horizontal cherché égale la surface inclinée, multipliée par le cosinus de l'inclinaison.
Donc voici à quoi se réduit le calcul :

$$
\begin{array}{ll}
\text{l } 285 & 2.\ 45484 \\
\text{l cos. } 30 & 9.\ 93753 \\
\hline
\text{l plan } h & 2.\ 39237 \\
\text{plan } h = 247
\end{array}
$$

§ 3.

En navigation.

On a trouvé par le loch que l'on a parcouru 226 milles ou minutes, et par la boussole, qu'on était sur le rhumb de N. E. 1/4 N. ou 33° 45' : de combien a-t-on avancé vers le nord ?

Les 226 minutes sont l'hypothénuse d'un triangle rectangle dont les deux autres côtés sont des arcs de parallèle et de méridien ; ce qu'on veut connaître, c'est l'arc de méridien.

Au log. des 226 minutes on ajoute celui du cosinus du rhumb : la somme sera le logarithme de l'arc cherché, ou quantité dont on s'est approché du nord.

Calcul :

```
l. 226                    2. 35411
l. cos. 33° 45            9. 91985
                         ___________
                          2. 27396

         N. = 2. 27396 = 188
```

Veut-on trouver le chemin fait d'est à ouest, on ajoute le log. du sinus du rhumb.

```
l. 526                    2. 35411
l. sin. 33° 45            9. 74474
                         ___________
                          2. 09885

              N = 126
```

Mais si l'on n'est pas sous l'équateur, il faut y réduire les milles est et ouest. — Que, par exemple, le moyen parallèle de l'espace parcouru soit 49 ; de la somme trouvée on ôtera le logarithme du cosinus de 49, et le reste sera le log. du chemin fait en longitude, c'est-à-dire du nombre de degrés et fractions de degrés parcourus, soit sur l'équateur, soit sur le parallèle 49.

$$\text{Somme} = \quad 2.\ 09885$$
$$\text{l. cos. } 49° \quad 9.\ 81694$$
$$\overline{\quad\quad\quad 2.\ 28191}$$
$$\text{dont N} = 191' = 3°\ 11'$$

4. En Astronomie.

1.

Ayant la longitude héliocentrique d'une planète par les tables astronomiques, celle du soleil et les distances du soleil à la terre, et de la planète au soleil, trouver la longitude de la planète vue de la terre.

On a pour lors un triangle rectiligne, dont deux côtés et l'angle compris sont connus.

Pour trouver l'angle à la terre ou *élongation*, on ôte du lieu de la planète le lieu du soleil, ce qui donne la *commutation*; du log. de la grande distance on soustrait celui-ci de la petite, ce qui donne un reste qu'on prend pour logarithme de la tangente d'un angle; on cherche l'angle, on l'affaiblit de 45°; on retranche la tangente du nouvel angle ou l'angle diminué de la cotangente de la demi-commutation; la différence est la cotangente de ce qu'il faut ajouter pour les planètes supérieures avec la demi-commutation ou son supplément : la somme est l'élongation.

L'élongation, à son tour, est jointe au lieu du soleil dans les six premiers signes de la commutation, et l'on a le lieu géocentrique.

2.

Etant donnée la distance du soleil ou d'une étoile au méridien, trouver sa hauteur.

On imagine un triangle formé au pôle P, au zénith Z, et au soleil S; on conçoit un arc Z X perpendiculaire au côté S P; et l'on établit la proportion suivante :

r : cos. P : : tang. P Z : tang. PX

On prend la somme ou la différence de PZ et de PX pour avoir SN, et on écrit de même :

cos. PX : cos. SX : : cos. PZ : cos. ZS

C'est la distance du soleil au zénith, ou le complément de sa hauteur.

3.

Trouver (dans le cas précédent) l'angle S.

Il suffit, pour l'obtenir, d'établir la proportion :

sin. SX : sin. PX : : tang. P : tang. S

d'où résulte que la tang. de S est le produit de la tangente de D par le sinus de PX divisé par le sinus de SX. Il est aisé de voir comment les log. donnent ce quotient.

L'angle S est souvent en usage dans les calculs d'éclipses.

4.

Etant donnée la hauteur du soleil, trouver l'heure.

Quand, à l'aide d'un quart de cercle ou d'un gnomon, on a la hauteur du soleil, on connaît les trois côtés du triangle PZS.

On en fait la somme : nommons-la s.

De $\dfrac{s}{2}$ on retranche PZ, puis P S, ce qui donne deux différences.

On ajoute le log. du sinus de $\dfrac{s}{2}$ P Z — et le log. du sinus de $\dfrac{s}{2}$ PS. On additionne de même le log. du sinus de PZ et du log. du sinus de PS.

Ayant ces deux sommes, de la 1re ou l $\left(\dfrac{s}{2} - \text{PZ}\right) + \text{l}\left(\dfrac{s}{2} - \text{PS}\right)$, on soustrait la 2mie.

On prend moitié du reste.

Considérant ladite moitié comme logarithme, on en cherche le log. à la table des sinus, et on double le nombre trouvé.

Le nombre doublé est l'angle P : converti en

temps, à raison d'une heure par 15°, il donne l'heure.

N. B. On opérerait de même sur une étoile, à ceci près qu'il faudrait ajouter l'ascension droite de l'étoile moins celle du soleil.

5.

Etant connues l'ascension droite et la déclinaison d'un astre, trouver sa longitude et sa latitude.

On a pour point de départ les deux proportions que voici :

r : cos. asc. d. : : cos. décl. : cos. hypothénuse.

r : sin. asc. d. : : cot. décl. : cot. angle.

On ajoute 23° 28' dans les six premiers signes pour les déclinaisons australes, et dans les six derniers signes pour les déclinaisons boréales ; dans les autres cas on prend la différence ; l'angle qu'il faut employer est donné par les analogies suivantes

r : cos. angle :: tang. hypot. : tang. long.

q : sin. hypot. :: sing. angle : sin. lat.

Si l'angle a été trouvé plus grand que 90°, on devra, pour obtenir la longitude, prendre le supplément à 360°, si l'on est dans le 1er quart d'asc. d., — ajouter 180°, si l'on est dans le 2me, — prendre le supplément à 180', si l'on est dans le 3me.

6.

Trouver la précession annuelle en ascension droite et en déclinaison.

Au log. du sinus de l'asc. d. et au log. de la tangente de la déclinaison, qu'on ajoute le log. constant 1. 30134, la somme sera le log. du nombre qu'il faut ajouter à 45" 93 dans les six premiers signes pour les étoiles boréales.

Joignant ce même log. (1. 30134) à celui du cos. de l'asc. d., la somme sera le log. de la précession en déclinaison, laquelle est croissante pour les étoiles boréales dans les signes ascendants 9, 10, 11, 0, 1, 2, de longitude.

Ce logarithme suppose la précession annuelle actuelle égale à 50" 10.

LOGARITHMES

VULGAIRES, OU DE BRIGGS,

DES NOMBRES NATURELS

DE 1 A 10000.

	0	1	2	3	4
0	— ∞	0,00000	0,30103	0,47712	0,60206
1	1,00000	1,04139	1,07918	1,11394	1,14613
2	1,30103	1,32222	1,34242	1,36173	1,38021
3	1,47712	1,49136	1,50515	1,51851	1,53148
4	1,60206	1,61278	1,62325	1,63347	1,64345
5	1,69897	1,70757	1,71600	1,72428	1,73239
6	1,77815	1,78533	1,79239	1,79934	1,80618
7	1,84510	1,85126	1,85733	1,86332	1,86923
8	1,90309	1,90849	1,91381	1,91908	1,92428
9	1,93424	1,93904	1,96379	1,96848	1,97313
10	2,00000	2,00432	2,00860	2,01284	2,01703
11	2,04139	2,04532	2,04922	2,05308	2,05690
12	2,07918	2,08279	2,08636	2,08991	2,09342
13	2,11394	2,11727	2,12057	2,12385	2,12710
14	2,14613	2,14922	2,15229	2,15534	2,15836
15	2,17609	2,17898	2,18184	2,18469	2,18752
16	2,20412	2,20683	2,20952	2,21219	2,21484
17	2,23045	2,23300	2,23553	2,23805	2,24055
18	2,25527	2,25768	2,26007	2,26245	2,26482
19	2,27875	2,28103	2,28330	2,28556	2,28780
20	2,30103	2,30320	2,30535	2,30750	2,30963
21	2,32222	2,32428	2,32634	2,32838	2,33041
22	2,34242	2,34439	2,34635	2,34830	2,35025
23	2,36173	2,36361	2,36549	2,36736	2,36922
24	2,38021	2,38202	2,38382	2,38561	2,38739
25	2,39794	2,39967	2,40140	2,40312	2,40483
26	2,41497	2,41664	2,41830	2,41996	2,42160
27	2,43136	2,43297	2,43457	2,43616	2,43775
28	2,44716	2,44871	2,45025	2,45179	2,45332
29	2,46240	2,46389	2,46538	2,46687	2,46835
30	2,47712	2,47857	2,48001	2,48144	2,48287
31	2,49136	2,49276	2,49415	2,49554	2,49693
32	2,50315	2,50651	2,50786	2,50920	2,51055
33	2,51851	2,51983	2,52114	2,52244	2,52375
	0	1	2	3	4

	5	6	7	8	9
0	0,69897	0,77815	0,84510	0,90309	0,95424
1	1,17609	1,20412	1,23045	1,25527	1,27875
2	1,39764	1,41497	1,43136	1,44716	1,46240
3	1,54407	1,55630	1,56820	1,57978	1,59106
4	1,65321	1,66276	1,67210	1,68124	1,69020
5	1,74036	1,74819	1,75587	1,76343	1,77085
6	1,81291	1,81954	1,82607	1,83251	1,83885
7	1,87506	1,88081	1,88649	1,89209	1,89763
8	1,92942	1,93450	1,93952	1,94448	1,94939
9	1,97772	1,98227	1,98677	1,99123	1,99564
10	2,02119	2,02531	2,02938	2,03342	2,03743
11	2,06070	2,06446	2,06819	2,07188	2,07555
12	2,09691	2,10037	2,10380	2,10721	2,11059
13	2,13033	2,13354	2,13672	2,13988	2,14301
14	2,16137	2,16435	2,17732	2,17026	2,17319
15	2,19033	2,19312	2,19590	2,19866	2,20140
16	2,21748	2,22011	2,22272	2,22531	2,22789
17	2,24304	2,24551	2,24797	2,25042	2,25285
18	2,26717	2,26951	2,27184	2,27416	2,27646
19	2,29003	2,29226	2,29447	2,29667	2,29885
20	2,31175	2,31387	2,31597	2,31806	2,32015
21	2,33244	2,33445	2,33646	2,33846	2,34044
22	2,35218	2,35411	2,35603	2,35793	2,35984
23	2,37107	2,37291	2,37475	2,37658	2,37840
24	2,38917	2,39094	2,39270	2,39445	2,39620
25	2,40654	2,40824	2,40995	2,41162	2,41330
26	2,42325	2,42488	2,42651	2,42813	2,42975
27	2,43933	2,44091	2,44248	2,44404	2,44560
28	2,45484	2,45637	2,45788	2,45939	2,46090
29	2,46982	2,47129	2,47276	2,47422	2,47567
30	2,48430	2,48572	2,48714	2,48855	2,48996
31	2,49831	2,49969	2,49106	2,50243	2,50379
32	2,51188	2,51322	2,51455	2,51587	2,51720
33	2,52504	2,52634	2,52763	2,52892	2,53020
	5	6	7	8	9

		0	1	2	3	4	5	6	7	8	9
33	51	851	983	*114	*244	*375	*504	*634	*763	*892	*020
34	53	148	275	403	529	656	782	908	*033	*158	*283
35	54	407	531	654	777	900	*023	*145	*267	*388	*509
36	55	630	751	871	991	*110	*229	*348	*467	*585	*703
37	56	820	937	*034	*171	*287	*403	*519	*634	*749	*864
38	57	978	*092	*206	*320	*433	*546	*659	*771	*883	*995
39	59	106	218	329	439	550	660	770	879	988	*097
40	60	206	314	423	531	638	746	853	959	*066	*172
41	61	278	384	490	595	700	805	909	*014	*118	*224
42	62	325	428	531	634	737	839	941	*043	*144	*246
43	63	347	448	548	649	749	849	949	*048	*147	*246
44	64	345	444	542	640	738	836	933	*031	*128	*225
45	65	321	418	514	610	706	801	896	992	*087	*181
46	66	276	370	464	558	652	745	839	932	*025	*117
47	67	210	302	394	486	578	669	761	852	943	*034
48	68	124	215	305	395	485	574	664	753	842	931
49	69	020	108	197	285	373	461	548	636	723	810
50		897	984	*070	*157	*243	*329	*415	*501	*586	*672
51	70	757	842	927	*012	*096	*181	*265	*349	*433	*517
52	71	600	684	767	850	933	*016	*099	*181	*263	*346
53	72	428	509	591	673	754	835	916	997	*078	*159
54	73	239	320	400	480	560	640	719	799	878	957
55	74	036	115	194	273	351	429	507	586	663	741
56		819	896	974	*051	*128	*205	*282	*358	*435	*511
57	75	597	664	740	815	891	967	*042	*118	*193	*268
58	76	343	418	492	567	641	716	790	864	938	*012
59	77	085	159	232	305	379	452	525	597	670	743
60		815	887	960	*032	*104	*176	*247	*319	*390	*462
61	78	533	604	675	746	817	888	958	*029	*099	169
62	79	239	309	379	449	518	588	657	727	796	865
63		934	*003	*072	*140	*209	*277	*346	*414	*482	*550
64	80	618	686	754	821	889	956	*023	*090	*158	*224
65	81	291	358	425	491	558	624	690	757	823	889
66		954	*020	*086	*151	*217	*282	*317	*413	*478	*543
		0	1	2	3	4	5	6	7	8	9

		0	1	2	3	4	5	6	7	8	9
66	81	934	*020	086	*151	*217	*282	*347	*413	*478	*543
67	82	607	672	737	802	866	930	995	*059	*123	*187
68	83	251	315	378	442	506	569	632	696	759	822
69		885	948	*011	*073	*136	*198	*261	*323	*386	*448
70	84	510	572	634	696	757	819	880	942	*003	*065
71	85	126	187	248	309	370	431	491	552	612	673
72		733	794	854	914	974	*034	*094	*153	*213	*273
73	86	332	392	451	510	570	629	688	747	806	864
74		923	982	*040	*099	157	*216	*274	332	*390	*448
75	87	506	564	622	679	737	795	852	910	967	*024
76	88	081	138	196	252	309	366	423	480	536	593
77		649	705	762	818	874	930	986	*042	*098	*154
78	89	209	265	321	376	432	487	542	597	653	708
79		763	818	873	927	982	*057	*091	*146	*200	*255
80	90	309	363	417	472	526	580	634	687	741	795
81		849	902	956	*009	*062	*116	*169	*222	*275	*328
82	91	381	434	487	540	593	645	698	751	803	855
83		908	960	*012	*065	*117	169	*221	275	*324	*546
84	92	428	480	531	583	634	*686	737	788	840	891
85		942	993	*044	*095	*146	197	*247	*298	*349	*399
86	93	450	500	551	601	651	702	752	802	852	902
87		952	*002	*052	*101	*151	*201	*950	*300	*349	*399
88	94	448	498	547	596	645	694	743	792	841	890
89		939	988	*036	*085	*134	*182	*231	*279	*328	*376
90	95	424	472	521	569	617	665	713	761	809	856
91		904	952	999	*947	*095	*142	*190	*237	*284	*332
92	96	379	426	473	520	567	614	661	708	755	802
93		848	895	942	988	*035	*081	*128	*174	*220	*267
94	97	313	359	405	451	497	543	589	635	681	727
95		772	818	864	909	955	*000	*046	*091	*157	*182
96	98	227	272	318	363	408	453	498	543	588	632
97		677	722	767	811	856	900	945	989	*034	*078
98	99	123	167	211	255	300	344	388	432	476	520
99		564	607	651	695	739	782	826	870	913	957
		0	1	2	3	4	5	6	7	8	9

		0	1	2	3	4	5	6	7	8	9
100	00	000	045	087	130	173	217	260	303	346	389
101		432	475	518	561	604	647	689	732	775	817
102		860	903	945	988	*030	*072	*115	*157	*199	*242
103	01	284	326	568	410	452	494	536	578	620	662
104		703	745	787	828	870	912	953	995	*036	*078
105	02	119	160	202	243	284	325	366	407	449	490
106		531	572	612	653	694	735	776	816	857	898
107		938	979	*019	*060	*100	*141	*181	*222	*262	*302
108	03	342	383	423	463	503	543	583	623	663	703
109		743	782	822	862	902	941	981	*021	*060	*100
110	04	159	179	218	258	297	336	376	415	454	493
111		532	571	610	650	689	727	766	805	844	883
112		922	961	999	*038	*077	*115	*154	*192	*231	*269
113	05	303	346	385	423	461	500	538	576	614	652
114		690	729	767	805	843	881	918	956	994	*032
115	06	070	108	145	183	221	258	296	333	371	408
116		446	483	521	558	595	633	670	707	744	781
117		819	856	893	930	967	*004	*041	*078	*115	*151
118	07	188	225	262	298	335	372	408	445	482	518
119		555	591	628	664	700	737	773	809	846	882
120		918	954	990	*027	*063	*099	*135	*171	*207	*243
121	08	279	314	350	386	422	458	493	529	565	600
122		636	672	707	743	778	814	849	884	920	955
123		991	*026	*061	*096	*132	*167	*202	*237	*272	*307
124	09	342	377	412	447	482	517	552	587	621	656
125		691	726	760	795	830	864	899	934	968	*003
126	10	037	072	106	140	175	209	243	278	312	346
127		380	415	449	483	517	551	585	619	653	687
128		721	755	789	823	857	890	924	958	992	*025
129	11	059	093	126	160	193	227	261	294	327	361
130		394	428	461	494	528	561	594	628	661	694
131		727	760	793	826	860	893	926	959	992	*024
132	12	057	090	123	156	189	222	254	287	320	352
133		385	418	450	483	516	548	581	613	646	678
		0	1	2	3	4	5	6	7	8	9

	0	1	2	3	4	5	6	7	8	9
133 12	385	418	450	483	516	548	581	613	646	678
134	710	743	775	808	840	872	905	937	969	*001
135 13	033	066	098	130	162	194	226	258	290	322
136	354	386	418	450	481	513	545	577	609	640
137	672	704	735	767	799	830	862	893	925	956
138	988	*019	*051	*082	*114	*145	*176	*208	*239	*270
139 14	301	333	364	395	426	457	489	520	551	582
140	613	644	675	706	737	768	799	829	860	891
141	922	953	983	*014	*045	*076	*106	*137	*168	*198
142 15	229	259	290	320	351	381	412	442	473	503
143	534	564	594	625	655	685	715	746	776	806
144	836	866	897	927	957	987	*017	*047	*077	*107
145 16	137	167	197	227	256	286	316	346	376	406
146	435	465	495	524	554	584	613	643	673	702
147	731	761	791	820	850	879	909	938	967	997
148 17	026	056	085	114	143	173	202	231	260	289
149	319	348	377	406	435	464	493	522	551	580
150	609	638	667	696	725	754	782	811	840	869
151	898	926	955	984	*013	*041	*070	*099	*127	*156
152 18	184	213	241	970	298	327	355	384	412	441
153	469	498	526	554	583	611	639	667	696	724
154	752	780	808	837	865	893	921	949	977	*005
155 19	033	061	089	117	145	173	201	229	257	285
156	312	340	368	396	424	451	479	507	535	562
157	590	618	645	673	700	728	756	783	811	838
158	866	893	921	948	976	*003	*030	*058	*085	*112
159 20	140	167	194	222	249	276	303	330	358	385
160	412	439	466	493	520	548	575	602	629	656
161	683	710	737	763	790	817	844	871	898	925
162	952	978	*005	*032	*059	*085	*112	*139	*165	*192
163 21	219	245	272	299	325	352	378	405	431	458
164	484	511	537	564	590	617	643	669	696	722
165	748	775	801	827	854	880	906	932	958	985
166 22	011	037	063	089	115	141	167	194	220	246
	0	1	2	3	4	5	6	7	8	9

		0	1	2	3	4	5	6	7	8	9
166	22	011	037	063	089	115	141	167	194	220	246
167		272	298	324	350	376	401	427	453	479	505
168		531	557	583	608	634	660	686	712	737	763
169		789	814	840	866	891	917	943	968	994	*019
170	23	045	070	096	121	147	172	198	223	249	274
171		300	325	350	376	401	426	452	477	502	528
172		555	578	603	629	654	679	701	729	754	779
173		805	830	855	880	905	930	955	980	*005	*030
174	24	055	080	105	130	155	180	204	229	254	279
175		304	329	353	378	403	428	452	477	502	528
176		551	572	601	625	650	674	699	724	748	773
177		797	822	846	871	895	920	944	969	993	*018
178	25	042	066	091	115	139	164	188	212	237	261
179		285	310	334	358	382	406	431	455	479	503
180		527	551	575	600	624	648	672	696	720	744
181		768	792	816	840	864	888	912	935	959	983
182	26	007	031	055	079	102	126	150	174	198	221
183		245	269	293	316	340	364	387	411	435	458
184		482	505	529	553	576	600	623	647	670	694
185		717	741	764	788	811	834	858	881	905	928
186		951	975	998	*021	*045	*068	*091	*114	*138	*161
187	27	184	207	231	254	277	300	323	346	370	393
188		416	439	462	485	508	531	554	577	600	623
189		646	669	692	715	738	761	784	807	830	852
190		875	898	921	944	967	989	*012	*035	*058	*081
191	28	103	126	149	171	194	217	240	262	285	307
192		330	353	375	398	421	443	466	488	511	533
193		556	578	601	623	646	668	691	713	735	758
194		780	803	825	847	870	892	914	937	959	981
195	29	003	026	048	070	092	115	137	159	181	203
196		226	248	270	292	314	336	358	380	403	425
197		447	469	491	513	535	557	579	601	623	645
198		667	688	710	732	754	776	798	820	842	863
199		885	907	929	951	973	994	*016	*038	*060	*081
		0	1	2	3	4	5	6	7	8	9

N		0	1	2	3	4	5	6	7	8	9
200	30	103	125	146	168	190	211	233	255	276	298
201		320	341	363	384	406	428	449	471	492	514
202		535	557	578	600	621	643	664	685	707	728
203		750	771	792	814	835	856	878	899	920	942
204		963	984	*006	*027	*048	*069	*091	*112	*133	*154
205	31	175	197	218	239	260	281	302	323	345	366
206		387	408	429	450	471	492	513	534	555	576
207		597	618	639	660	681	702	723	744	765	785
208		806	827	848	869	890	911	931	952	973	994
209	32	015	035	056	077	098	118	139	160	181	201
210		222	243	263	284	305	325	346	366	387	408
211		428	449	469	490	510	531	552	572	593	613
212		634	654	675	695	715	736	756	777	797	818
213		838	858	879	899	919	940	960	980	*001	*021
214	33	041	062	082	102	122	143	163	183	203	224
215		244	264	284	304	325	345	365	385	405	425
216		445	465	486	506	526	546	566	586	606	626
217		646	666	686	706	726	746	766	786	806	826
218		846	866	885	905	925	945	965	785	*005	025
219	34	044	064	084	104	124	143	163	183	203	223
220		242	262	282	301	321	341	361	380	400	420
221		439	459	479	498	518	537	557	577	596	616
222		655	655	674	694	713	733	753	772	792	811
223		850	850	869	889	908	928	947	967	986	*005
224	35	025	044	064	083	102	122	141	160	180	199
225		218	238	257	276	295	315	334	353	372	392
226		411	430	449	468	488	507	526	545	564	583
227		603	622	641	660	679	698	717	736	755	774
228		793	813	832	851	870	889	908	927	946	965
229		984	*003	*021	*040	059	*078	*097	*116	*135	*154
230	36	173	192	211	229	248	267	286	305	324	342
231		361	380	399	418	436	455	474	493	511	530
232		549	568	586	605	624	642	661	680	698	717
233		736	754	773	791	810	829	847	866	884	903
		0	1	2	3	4	5	6	7	8	9

		0	1	2	3	4	5	6	7	8	9
233	36	736	754	773	791	810	829	847	866	884	903
234		922	940	959	977	996	*014	*033	*051	*070	*088
235	37	107	125	144	162	181	199	218	236	254	273
236		291	310	328	346	365	383	401	420	438	457
237		475	493	511	530	548	566	585	603	621	639
238		658	676	694	712	731	749	767	785	803	822
239		840	858	876	894	912	931	949	967	985	*003
240	38	021	039	057	075	093	112	130	148	166	184
241		202	220	238	256	274	292	310	328	346	364
242		382	399	417	435	453	471	489	507	525	543
243		561	578	596	614	632	650	668	686	703	721
244		739	757	775	792	810	828	846	863	881	899
245		917	934	952	970	987	*005	*023	041	*058	*076
246	39	094	111	129	146	164	082	199	217	235	252
247		270	287	305	322	340	358	375	393	410	428
248		445	463	480	498	515	533	550	568	585	602
249		620	637	655	672	690	707	724	742	759	777
250		794	811	829	846	863	881	898	915	933	950
251		967	985	*002	*019	*037	*054	*071	*088	*106	*123
252	40	140	157	175	192	209	226	243	261	278	295
253		312	329	346	364	381	398	415	432	449	466
254		483	500	518	535	552	569	586	603	620	637
255		654	671	688	705	722	739	756	773	790	807
256		824	841	858	875	892	909	926	943	960	976
257		993	*010	*027	*044	*061	*078	*095	*111	*128	*145
258	41	162	179	196	212	229	246	263	280	296	315
259		330	347	373	380	397	414	430	447	464	481
260		497	514	531	547	564	581	597	614	631	647
261		664	681	697	714	731	747	764	780	797	814
262		830	847	863	880	896	913	*929	*946	*963	*979
263		996	*012	*029	045	*062	*078	*095	111	127	144
264	42	160	177	193	210	226	243	259	275	292	308
265		325	341	357	374	390	406	423	439	455	472
266		488	504	521	537	553	570	586	602	919	635
		0	1	2	3	4	5	6	7	8	9

		0	1	2	3	4	5	6	7	8	9
266	42	488	504	521	537	553	570	586	602	619	635
267		651	667	684	700	716	732	749	765	781	797
268		813	830	846	862	878	894	911	927	943	959
269		975	991	*008	*024	*040	*056	*072	*088	*104	*120
270	43	136	152	169	185	201	217	233	249	265	281
271		297	313	329	345	361	377	393	409	425	441
272		457	473	489	505	521	537	553	569	584	600
273		616	632	648	664	680	696	712	727	743	759
274		775	791	807	823	838	854	870	886	902	917
275		933	949	965	981	996	*012	*028	*044	*059	*075
276	44	091	107	122	138	154	170	185	201	217	232
277		248	264	279	295	311	326	342	358	373	389
278		404	420	436	451	467	483	498	514	529	545
279		560	576	592	607	623	638	654	669	685	700
280		716	731	747	762	778	793	809	824	840	855
281		871	886	902	917	932	948	963	979	994	*010
282	45	025	040	056	071	086	102	117	133	148	163
283		179	194	209	225	240	255	271	286	301	317
284		332	347	362	378	393	408	423	439	454	469
285		484	500	515	530	545	561	576	591	606	621
286		637	652	667	682	697	712	728	743	758	773
287		788	803	818	834	849	864	879	894	909	924
288		939	954	969	984	*000	*015	*030	*045	*060	*075
289	46	090	105	120	135	150	165	180	195	210	225
290		240	255	270	285	300	315	330	345	359	374
291		389	404	419	434	449	464	479	494	509	523
292		538	553	568	583	598	613	627	642	657	672
293		687	702	716	731	746	761	776	790	805	820
294		835	850	864	879	894	909	923	938	953	967
295		982	997	*012	*026	*041	*056	*070	*085	*100	*114
296	47	129	144	159	173	188	202	217	232	246	261
297		276	290	305	319	334	349	363	378	392	407
298		422	436	451	465	480	494	509	524	538	553
299		567	582	596	611	625	640	654	669	683	698
		0	1	2	3	4	5	6	7	8	9

B

	0	1	2	3	4	5	6	7	8	9
300	47 712	727	741	756	770	784	799	813	828	842
301	857	871	885	900	914	929	943	958	972	986
302	48 001	015	029	044	058	073	087	101	116	130
303	144	159	173	187	202	216	230	244	259	273
304	287	302	316	330	344	359	373	387	401	416
305	430	444	458	473	487	501	515	530	544	558
306	572	586	601	615	629	643	657	671	686	700
307	714	728	742	756	770	785	799	813	827	841
308	855	869	883	897	911	926	940	954	968	982
309	996	*010	*024	*038	*052	*066	*080	*094	*108	*122
310	49 136	150	164	178	192	206	220	234	248	262
311	276	290	304	318	332	346	360	374	388	402
312	415	429	443	457	471	485	499	513	527	541
313	554	568	582	596	610	624	638	651	665	679
314	693	707	721	734	748	762	776	790	803	817
315	831	845	859	872	886	900	914	927	941	955
316	969	982	996	*010	*024	*037	*051	*065	*079	*092
317	50 106	120	133	147	161	174	188	202	215	229
318	243	256	270	284	297	311	325	338	352	365
319	379	393	406	420	433	447	461	474	488	501
320	515	529	542	556	569	583	596	610	623	637
321	651	664	678	691	705	718	732	745	759	772
322	786	799	813	826	840	853	866	880	893	907
323	920	934	947	961	974	987	*001	*014	*028	*041
324	51 055	068	081	095	108	121	135	148	162	175
325	188	202	215	228	242	255	268	282	295	308
326	322	335	348	362	375	388	402	415	428	441
327	455	468	481	495	508	521	534	548	561	574
328	587	601	614	627	640	654	667	680	693	706
329	720	733	746	759	772	786	799	812	825	838
330	851	865	878	891	904	917	930	943	957	970
331	983	996	*009	*022	*035	*048	*061	*075	*088	*101
332	52 114	127	140	153	166	179	192	205	218	231
333	244	257	270	284	297	310	323	336	349	362
	0	1	2	3	4	5	6	7	8	9

N		0	1	2	3	4	5	6	7	8	9
333	52	214	257	270	284	297	310	323	336	349	362
334		375	388	401	414	427	440	453	466	479	492
335		504	517	530	543	556	569	582	595	608	621
336		634	647	660	673	686	689	711	724	737	750
337		763	776	789	802	815	827	840	853	866	879
338		892	905	917	930	943	956	969	982	994	*007
339	53	020	033	046	058	071	084	097	110	122	135
340		148	161	173	186	196	212	224	237	250	263
341		275	288	301	314	326	339	352	364	377	390
342		403	415	428	441	453	466	479	491	504	517
343		529	542	555	567	580	593	605	618	631	643
344		656	698	681	694	706	719	732	744	757	769
345		782	794	807	820	832	845	857	870	882	895
346		908	920	933	945	958	970	983	995	*008	*020
347	54	033	045	058	070	083	095	108	120	133	145
348		158	170	183	195	208	220	233	245	258	270
349		283	295	307	320	332	345	357	370	382	394
350		407	419	432	444	456	469	481	494	506	518
351		531	543	555	568	580	593	605	617	630	642
352		654	667	679	691	704	716	728	741	753	765
353		777	790	802	814	827	839	851	864	876	888
354		900	913	925	937	949	962	974	986	998	*011
355	55	023	035	047	060	072	084	096	108	121	133
356		145	157	169	182	194	206	218	230	242	255
357		267	279	291	303	315	328	340	352	364	376
358		388	400	413	425	437	449	461	473	485	497
359		509	522	534	546	558	570	582	594	606	618
360		630	642	654	666	678	691	703	715	727	739
361		751	763	775	787	799	811	823	835	847	859
362		877	883	895	907	919	931	943	955	967	979
363		991	*003	*015	*027	*038	*050	*062	*074	*086	*098
364	56	110	122	134	146	158	170	182	194	205	217
365		229	241	253	265	277	289	301	312	324	336
366		348	360	372	384	396	407	419	431	443	455
		0	1	2	3	4	5	6	7	8	9

N	0	1	2	3	4	5	6	7	8	9
566	56 348	360	372	384	396	407	419	431	443	455
567	467	478	490	502	514	526	538	549	561	573
568	585	597	608	620	632	644	656	667	679	691
569	703	714	726	738	750	761	773	785	797	808
570	820	832	844	855	867	879	891	902	914	926
571	937	949	961	972	984	996	*008	*019	*031	*043
572	57 054	066	078	089	101	113	124	136	148	159
573	171	183	194	206	217	229	241	252	264	276
574	287	299	310	322	334	345	357	368	380	392
575	403	415	426	438	449	461	473	484	496	507
576	519	530	542	553	565	576	588	600	611	623
577	634	646	657	669	680	692	703	715	726	738
578	749	761	772	784	795	807	818	830	841	852
579	864	875	887	898	910	921	933	944	955	967
580	978	990	*001	*013	*024	*035	*047	*058	*070	*081
581	58 092	104	115	127	138	149	161	172	184	195
582	206	218	229	240	252	263	274	286	297	309
583	320	331	343	354	365	377	388	399	410	422
584	433	444	456	467	478	490	501	512	524	535
585	546	557	569	580	591	602	614	625	636	647
586	659	670	681	692	704	715	*726	*737	*749	*760
587	771	782	794	805	816	827	838	850	861	872
588	883	894	906	917	928	939	950	961	973	984
589	995	*006	*017	*028	*040	*051	*062	*073	*084	*095
590	59 106	118	129	140	151	162	173	184	195	207
591	218	229	240	251	262	273	284	295	306	318
592	329	340	351	362	373	384	395	406	417	428
593	439	450	461	472	483	494	506	517	528	539
594	550	561	572	583	594	605	616	627	638	649
595	660	671	682	693	704	715	726	737	748	759
596	770	780	791	802	813	824	835	846	857	868
597	879	890	901	912	923	934	945	956	966	977
598	988	999	*010	*021	*032	*043	*054	*065	*076	*086
599	60 097	108	119	130	141	152	163	173	184	195
	0	1	2	3	4	5	6	7	8	9

	0	1	2	3	4	5	6	7	8	9
400	60 206	217	228	239	249	260	271	282	293	304
401	314	325	336	347	358	369	379	390	401	412
402	423	433	444	455	466	477	487	498	509	520
403	531	541	552	563	574	584	995	606	617	627
404	638	649	660	670	681	692	703	713	724	735
405	746	756	767	778	788	799	810	821	831	842
406	853	863	874	885	895	906	917	927	938	949
407	959	970	981	991	*002	*013	*023	*034	*045	*055
408	61 066	077	087	098	109	119	130	140	151	162
409	172	183	194	204	215	225	236	247	257	268
410	278	289	300	310	321	331	342	352	363	374
411	384	395	405	416	426	437	448	458	469	479
412	490	500	511	521	532	542	553	563	574	584
413	595	606	616	627	637	648	658	669	679	690
414	700	711	721	731	742	752	763	773	784	794
415	805	815	826	836	847	857	868	878	888	899
416	909	920	930	941	951	962	972	982	993	*003
417	62 014	024	034	045	055	066	076	086	097	107
418	118	128	138	149	159	170	180	190	201	211
419	221	232	242	252	263	273	284	294	304	315
420	325	335	346	356	366	377	387	397	408	418
421	428	439	449	459	469	480	490	500	511	521
422	551	542	552	562	572	583	593	603	613	624
423	634	644	655	665	675	685	696	706	716	726
424	737	747	757	767	778	788	798	808	818	829
425	839	849	859	870	880	890	900	910	921	931
426	941	951	961	972	982	992	*002	*012	*022	*033
427	63 043	053	063	073	083	094	104	114	124	134
428	144	155	165	175	185	195	205	215	225	236
429	246	256	266	276	286	296	306	317	327	337
430	347	357	367	377	387	397	407	417	428	438
431	448	458	468	478	488	498	508	518	528	538
432	548	558	568	579	589	599	609	619	629	639
433	649	659	669	679	689	699	709	719	729	739
	0	1	2	3	4	5	6	7	8	9

	0	1	2	3	4	5	6	7	8	9
433	63 649	659	669	679	689	699	709	719	729	739
434	749	759	769	779	789	799	809	819	829	839
435	849	859	869	879	889	899	909	919	929	939
436	949	959	969	979	988	998*	008*	018*	028*	038
437	64 048	058	068	078	088	098	108	118	128	137
438	147	157	167	177	187	197	207	217	227	237
439	246	256	266	276	286	296	306	316	326	335
440	345	355	365	375	385	395	404	414	424	434
441	444	454	464	473	483	493	503	513	523	532
442	542	552	562	572	582	591	601	611	621	631
443	640	650	660	670	680	689	699	709	719	729
444	738	748	758	768	777	787	797	807	816	826
445	836	846	856	865	875	885	895	904	914	924
446	933	943	953	963	972	982	992*	002*	011*	021
447	65 031	040	050	060	070	079	089	099	108	118
448	128	137	147	157	167	176	186	196	205	215
449	225	234	244	254	263	273	283	292	302	312
450	321	331	341	350	360	369	379	389	398	408
451	418	427	437	447	456	466	475	485	495	504
452	514	523	533	543	552	562	571	581	591	600
453	610	619	629	639	648	658	667	677	686	696
454	708	715	725	734	744	753	763	772	782	792
455	801	811	820	830	839	849	858	868	877	887
456	896	906	916	925	935	944	954	963	973	982
457	992*	001*	011*	020*	030	*039	*049	*058	*068	*077
458	66 087	096	106	115	124	134	143	153	162	172
459	181	191	200	210	219	229	238	247	257	266
460	276	285	295	304	314	323	332	342	351	361
461	370	380	389	398	408	417	427	436	445	455
462	464	474	483	492	502	511	521	530	539	549
463	558	567	577	586	596	605	614	624	633	642
464	652	661	671	680	689	699	708	717	727	736
465	745	755	764	773	783	792	801	811	820	829
466	839	848	857	867	876	885	894	904	913	922
	0	1	2	3	4	5	6	7	8	9

		0	1	2	3	4	5	6	7	8	9
466	66	839	848	857	867	876	885	894	904	913	922
467		932	941	950	960	969	978	987	997	*006	*015
468	67	025	034	043	052	062	071	080	089	099	108
469		117	127	156	145	154	164	173	182	191	201
470		210	219	228	237	247	256	265	274	284	293
471		302	311	321	330	339	348	357	367	376	385
472		394	403	413	422	431	440	449	459	468	477
473		486	495	504	514	523	532	541	550	560	569
474		578	587	596	605	614	624	633	642	651	660
475		669	679	688	697	706	715	724	733	742	752
476		761	770	779	788	797	806	815	825	834	843
477		852	861	870	879	888	897	906	916	925	934
478		943	952	961	970	979	988	997	*006	*015	*024
479	68	034	043	052	061	070	079	088	097	106	115
480		124	133	142	151	160	169	178	187	196	205
481		215	224	233	242	251	260	269	278	287	296
482		305	314	323	332	341	350	359	368	377	386
483		395	404	413	422	431	440	449	458	467	476
484		485	494	502	511	520	529	538	547	556	565
485		574	583	592	601	610	619	628	637	646	655
486		664	673	681	690	699	708	717	726	735	744
487		753	762	771	780	789	797	806	815	824	833
488		842	851	860	869	878	886	895	904	913	922
489		931	940	949	958	966	975	984	993	*002	*011
490	69	020	028	037	046	055	064	073	082	090	099
491		108	117	126	135	144	152	161	170	179	188
492		197	205	214	223	232	241	249	258	267	276
493		285	294	302	311	320	329	338	346	355	364
494		373	381	390	399	408	417	425	434	443	452
495		461	469	478	487	496	504	513	522	531	539
496		548	557	566	574	583	592	601	909	618	627
497		636	644	653	662	671	679	688	697	705	714
498		723	732	740	749	758	767	775	784	793	801
499		810	819	827	836	845	854	862	871	880	888
		0	1	2	3	4	5	6	7	8	9

	0	1	2	3	4	5	6	7	8	9
500	69 897	906	914	923	932	940	949	958	966	975
501	984	992	*001	*010	*018	*027	*036	*044	*053	*062
502	70 070	079	088	096	105	114	122	131	140	148
503	157	165	174	183	191	200	209	217	226	234
504	243	252	260	269	278	286	295	303	312	321
505	329	338	346	355	364	372	381	389	398	406
506	415	424	432	441	449	458	467	475	484	492
507	501	509	518	526	535	544	552	561	569	578
508	586	595	603	612	621	629	638	646	655	663
509	672	680	689	697	706	714	723	731	740	749
510	757	766	774	783	791	800	808	817	825	834
511	842	851	859	868	876	885	893	902	910	919
512	927	935	944	952	961	969	978	986	995	*003
513	71 012	020	029	037	046	054	063	071	079	088
514	096	105	113	122	130	139	147	155	164	172
515	181	189	198	206	214	223	231	240	248	257
516	265	273	282	290	299	307	315	324	332	341
517	349	357	366	374	383	391	399	408	416	425
518	433	441	450	458	466	475	483	492	500	508
519	517	525	533	542	550	559	567	575	584	592
520	600	609	617	625	634	642	650	659	667	675
521	684	692	700	709	717	725	734	742	750	759
522	767	775	784	792	800	809	817	825	834	842
523	850	858	867	875	883	892	900	908	917	925
524	933	941	950	958	966	975	983	991	999	*008
525	72 016	024	032	041	049	057	066	074	082	090
526	099	107	115	123	132	140	148	156	165	173
527	181	189	198	206	214	222	230	239	247	255
528	263	272	280	288	296	304	313	321	329	337
529	346	354	362	370	378	387	395	403	411	419
530	428	436	444	452	460	469	477	485	493	501
531	509	518	526	534	542	550	558	567	575	583
532	591	599	607	616	624	632	640	648	656	665
533	673	681	689	697	705	713	722	730	738	746
	0	1	2	3	4	5	6	7	8	9

	0	1	2	3	4	5	6	7	8	9
533	72 673	681	689	697	705	713	722	730	738	749
534	754	762	770	779	787	795	803	811	819	827
535	835	843	852	860	868	876	884	892	900	908
536	916	925	933	941	949	957	965	973	981	989
537	997	*006	*014	*022	*030	*038	*046	*054	*062	*070
538	73 078	086	094	102	111	119	127	135	143	151
539	159	167	175	183	191	199	207	215	223	231
540	239	247	255	263	272	280	288	296	304	312
541	320	328	336	344	352	360	368	376	384	392
542	400	408	416	424	432	440	448	456	464	472
543	480	488	496	504	512	520	528	536	544	552
544	560	568	576	584	592	600	608	616	624	632
545	640	648	656	664	672	679	687	695	703	711
546	719	727	735	743	751	759	767	775	783	791
547	799	807	815	823	830	838	846	854	862	870
548	878	886	894	992	910	918	926	933	941	949
549	957	965	973	981	989	997	*005	*013	*020	*028
550	74 036	044	052	060	068	076	084	092	099	107
551	115	123	131	139	147	155	162	170	178	186
552	194	202	210	218	225	233	241	249	257	265
553	273	280	288	296	304	312	320	327	335	343
554	351	359	367	374	382	390	398	406	414	421
555	429	437	445	453	461	468	476	484	492	500
556	507	515	523	531	539	547	554	562	570	578
557	586	593	601	609	617	624	632	640	648	656
558	663	671	979	687	695	702	710	718	726	733
559	741	749	757	764	772	780	788	796	803	811
560	819	827	834	842	850	858	865	873	881	889
561	896	904	912	920	927	935	943	950	858	966
562	974	981	989	997	*005	*012	*020	*028	*035	*043
563	75 051	059	066	074	082	089	097	105	113	120
564	128	136	143	151	159	166	174	182	189	197
565	205	213	220	228	236	243	251	259	266	274
566	282	289	297	305	312	320	328	335	343	351
	0	1	2	3	4	5	6	7	8	9

		0	1	2	3	4	5	6	7	8	9
566	75	282	289	297	305	312	320	328	335	343	351
567		358	366	374	381	389	397	404	412	420	427
568		435	442	450	458	465	473	481	488	496	504
569		511	519	526	534	542	549	557	565	572	580
570		587	595	603	610	618	626	633	641	648	656
571		664	671	679	686	694	702	709	717	724	732
572		740	747	755	762	770	778	785	793	800	808
573		815	823	831	838	846	853	861	868	876	884
574		894	899	906	914	921	929	937	944	952	959
575		967	974	982	989	997	*005	*012	*020	*027	*035
576	76	042	050	057	065	072	080	087	095	103	110
577		118	125	133	140	148	155	163	170	178	185
578		193	200	208	215	223	230	238	245	253	260
579		268	275	283	290	298	305	313	320	328	335
580		343	350	358	365	373	380	388	395	403	410
581		418	425	433	440	448	455	462	470	477	485
582		492	500	507	515	522	530	537	545	552	559
583		567	574	582	589	597	604	612	619	626	634
584		641	649	656	664	671	678	686	693	701	708
585		716	723	730	738	745	753	760	768	775	782
586		790	797	805	812	819	827	834	842	849	856
587		864	871	879	886	893	901	908	916	923	930
588		938	945	953	960	967	975	982	989	997	*004
589	77	012	019	026	034	041	048	056	063	070	078
590		085	093	100	107	115	122	129	137	144	151
591		159	166	173	181	188	195	203	210	217	225
592		232	240	247	254	262	269	276	283	291	298
593		305	313	320	327	335	342	349	357	364	371
594		379	386	393	401	408	415	422	430	437	444
595		452	459	466	474	481	488	495	503	510	517
596		525	532	539	546	554	561	568	576	583	590
597		597	605	612	619	627	634	641	648	656	663
598		670	677	685	692	699	706	714	721	728	735
599		743	750	757	764	772	779	786	793	801	808
		0	1	2	3	4	5	6	7	8	9

		0	1	2	3	4	5	6	7	8	9
600	77	815	822	830	837	844	851	859	866	873	880
601		887	895	902	909	916	924	931	938	945	952
602		960	967	974	981	988	996	*003	*010	*017	025
603	78	032	039	046	053	061	068	075	082	089	097
604		104	111	118	125	132	140	147	154	161	168
605		176	183	190	197	204	211	219	226	233	240
606		247	254	262	269	276	283	290	297	305	312
607		319	326	333	340	347	355	362	369	376	383
608		390	398	405	412	419	426	433	440	447	455
609		462	469	476	483	490	497	504	512	519	526
610		533	540	547	554	561	569	576	583	590	597
611		604	611	618	625	633	640	647	654	661	668
612		675	682	689	696	704	711	718	725	732	739
613		746	753	760	767	774	781	789	796	803	810
614		817	824	831	838	845	852	859	866	873	880
615		888	895	902	909	916	923	930	937	944	951
616		958	965	972	979	986	993	*000	*007	*014	*021
617	79	029	036	043	050	057	064	071	078	085	092
618		099	106	113	120	127	134	141	148	155	162
619		169	176	183	190	197	204	211	218	225	232
620		239	246	253	260	267	274	281	288	295	302
621		309	316	323	330	337	344	351	358	365	372
622		379	386	393	400	407	414	421	428	435	442
623		449	456	463	470	477	484	491	498	505	511
624		518	525	532	539	546	553	560	567	574	581
625		588	595	602	609	616	623	630	637	644	650
626		657	664	671	678	685	692	699	706	713	720
627		727	734	741	748	754	761	768	775	782	789
628		796	803	810	817	824	831	837	844	851	858
629		865	872	879	886	893	900	906	913	920	927
630		934	941	948	955	962	969	975	982	989	996
631	80	003	010	017	024	030	037	044	051	058	065
632		072	079	085	092	099	106	113	120	127	134
633		140	147	154	161	168	175	182	188	195	202
		0	1	2	3	4	5	6	7	8	9

		0	1	2	3	4	5	6	7	8	9
633	80	140	147	154	161	168	175	182	188	195	202
634		209	216	223	229	236	243	250	257	264	271
635		277	284	291	298	305	312	318	325	332	339
636		346	353	359	366	373	380	387	393	400	407
637		414	421	428	434	441	448	455	462	468	475
638		482	489	496	502	509	516	523	530	536	543
639		550	557	564	570	577	584	591	598	604	611
640		618	625	632	638	645	652	659	665	672	679
641		686	693	699	706	713	720	726	733	740	747
642		754	760	767	774	781	787	794	801	808	814
643		821	828	835	841	848	855	862	868	875	882
644		889	895	902	909	916	922	929	936	943	949
645		956	963	969	976	983	990	996	*003	*010	*017
646	81	023	030	037	043	050	057	064	070	077	084
647		090	097	104	111	117	124	131	137	144	151
648		158	164	171	178	184	191	198	204	211	218
649		224	231	238	245	251	258	265	271	078	285
650		291	298	305	311	318	325	331	338	345	351
651		358	365	371	378	385	391	398	405	411	418
652		425	431	438	445	451	458	465	471	478	485
653		491	498	505	511	518	525	531	538	544	551
654		558	564	571	578	584	591	598	604	611	617
655		624	631	637	644	651	657	664	671	677	684
656		690	697	704	710	717	723	730	737	743	750
657		757	763	770	776	783	790	796	803	809	816
658		823	829	836	842	849	856	862	869	875	882
659		889	895	902	908	915	921	928	935	941	948
660		954	961	968	974	981	987	994	*000	*007	*014
661	82	020	027	033	040	046	053	060	066	073	079
662		086	092	099	105	112	119	125	132	138	145
663		151	158	164	171	178	184	191	197	204	210
664		217	223	230	236	243	249	256	263	269	276
665		282	289	295	302	308	315	321	328	334	341
666		347	354	360	367	374	380	387	393	400	406
		0	1	2	3	4	5	6	7	8	9

		0	1	2	3	4	5	6	7	8	9
666	82	347	354	360	367	374	380	387	393	400	406
667		413	419	426	432	439	445	452	458	465	471
668		478	484	491	497	504	510	517	523	530	536
669		543	549	556	562	569	575	582	588	595	601
670		607	614	620	627	633	640	646	653	659	666
671		672	679	685	692	698	705	711	718	724	730
672		737	743	750	756	763	769	776	782	789	795
673		802	808	814	821	827	834	840	847	853	860
674		866	872	879	885	892	898	905	911	918	924
675		930	937	943	950	956	963	969	975	982	988
676		995	*001	*008	*014	*020	*027	*033	*040	*046	*052
677	83	059	065	072	078	085	091	097	104	110	117
678		123	129	136	142	149	155	161	168	174	181
679		187	193	200	206	213	219	225	232	238	245
680		251	257	264	270	276	283	289	296	302	308
681		315	321	327	334	340	347	353	359	366	372
682		378	385	391	398	404	410	417	423	429	436
683		442	448	455	461	467	474	480	487	493	499
684		506	512	518	525	531	537	544	550	556	563
685		569	575	582	588	594	601	607	613	620	626
686		632	639	645	651	658	664	670	677	683	689
687		696	702	708	715	721	727	734	740	746	753
688		759	765	771	778	784	790	797	803	809	816
689		822	828	835	841	847	853	860	866	872	879
690		885	891	897	904	910	916	923	929	935	942
691		948	954	960	967	973	979	985	992	998	*004
692	84	011	017	023	029	036	042	048	055	061	067
693		073	080	086	092	098	105	111	117	123	130
694		136	142	148	155	161	167	173	180	186	192
695		198	205	211	217	223	230	236	242	248	255
696		261	267	273	280	286	292	298	305	311	317
697		323	330	336	342	348	354	361	367	373	379
698		386	392	398	404	410	417	423	429	435	442
699		448	454	460	466	473	479	485	491	497	504
		0	1	2	3	4	5	6	7	8	9

	0	1	2	3	4	5	6	7	8	9
700	84 510	516	522	528	535	541	547	553	559	566
701	572	578	584	590	597	603	609	615	621	628
702	634	640	646	652	658	665	671	677	683	689
703	696	702	708	714	720	726	733	739	745	751
704	757	763	770	776	782	788	794	800	807	813
705	819	825	831	837	844	850	856	862	868	874
706	880	887	893	899	905	911	917	924	930	936
707	942	948	954	960	967	973	979	985	991	997
708	85 003	009	016	022	028	034	040	046	052	058
709	065	071	077	083	089	095	101	107	114	120
710	126	132	138	144	150	156	163	169	175	181
711	187	193	199	205	211	217	224	230	236	242
712	248	254	260	266	272	278	285	291	297	303
713	309	315	321	327	333	339	345	352	358	364
714	370	376	382	388	394	400	406	412	418	425
715	431	437	443	449	455	461	467	473	479	485
716	491	497	503	509	516	522	528	534	540	546
717	552	558	564	570	576	582	588	594	600	606
718	612	618	625	631	637	643	649	655	661	667
719	673	679	685	691	697	703	709	715	721	727
720	733	739	745	751	757	763	769	775	781	788
721	794	800	806	812	818	824	830	836	842	848
722	854	860	866	872	878	884	890	896	902	908
723	914	920	926	932	938	944	950	956	962	968
724	974	980	986	992	998	*004	*010	*016	*022	*028
725	86 034	040	046	052	058	064	070	076	082	088
726	094	100	106	112	118	124	130	136	141	147
727	153	159	165	171	177	183	189	195	201	207
728	213	219	225	231	237	243	249	255	261	267
729	273	279	285	291	297	303	308	314	320	326
730	332	338	344	350	356	362	368	374	380	386
731	392	398	404	410	415	421	427	433	439	445
732	451	457	463	469	475	481	487	493	499	504
733	510	516	522	528	534	540	546	552	558	564
	0	1	2	3	4	5	6	7	8	9

	0	1	2	3	4	5	6	7	8	9
733	86 510	516	522	528	534	540	546	552	558	564
734	570	576	581	587	593	599	605	611	617	623
735	629	635	641	646	652	658	664	670	676	682
736	688	694	700	705	711	717	723	729	735	741
737	747	753	759	764	770	776	782	788	794	800
738	806	812	817	823	829	835	841	847	853	859
739	864	870	876	882	888	894	900	906	911	917
740	923	929	935	941	947	953	958	964	970	976
741	982	988	994	999	*005	*011	*017	*023	*029	*035
742	87 040	046	052	058	064	070	075	081	087	093
743	099	105	111	116	122	128	134	140	146	151
744	157	163	169	175	181	186	192	198	204	210
745	216	221	227	233	239	245	251	256	262	268
746	274	280	286	291	297	303	309	315	320	326
747	332	338	344	349	355	361	367	373	379	384
748	390	396	402	408	413	419	425	431	437	442
749	448	454	460	466	471	477	483	489	495	500
750	506	512	518	523	529	535	541	547	552	558
751	564	570	576	581	587	593	599	604	610	616
752	622	628	633	639	645	651	656	662	668	674
753	679	685	691	697	703	708	714	720	726	731
754	737	743	749	754	760	766	772	777	783	789
755	795	800	806	812	818	823	829	835	841	846
756	852	858	864	869	875	881	887	892	898	904
757	910	915	921	927	933	938	944	950	955	961
758	967	973	978	984	990	996	*001	*007	*013	*018
759	88 024	030	036	041	047	053	058	064	070	076
760	081	087	093	098	104	110	116	121	127	133
761	138	144	150	156	161	167	173	178	184	190
762	195	201	207	213	218	224	230	235	241	247
763	252	258	264	270	275	281	287	292	298	304
764	309	315	321	326	332	338	343	349	355	360
765	366	372	377	383	389	395	400	406	412	417
766	423	429	434	440	446	451	457	463	468	474
	0	1	2	3	4	5	6	7	8	9

G2

	0	1	2	3	4	5	6	7	8	9
766	88 423	429	434	440	446	451	457	463	468	474
767	480	485	491	497	502	508	513	519	525	530
768	536	542	547	553	559	564	570	576	581	587
769	593	598	604	610	615	621	627	632	638	643
770	649	655	660	666	672	677	683	689	694	700
771	705	711	717	722	728	734	739	745	750	756
772	762	767	773	779	784	790	795	801	807	812
773	818	824	829	835	840	846	852	857	863	868
774	874	880	885	891	897	902	908	913	919	925
775	930	936	941	947	953	958	964	969	975	981
776	986	992	997	*003	*009	*014	*020	*025	*031	*037
777	89 042	048	053	059	064	070	076	081	087	092
778	098	104	109	115	120	126	131	137	143	148
779	154	159	165	170	176	182	187	193	198	204
780	209	215	221	226	232	237	243	248	254	260
781	265	271	276	282	287	293	298	304	310	315
782	321	326	332	337	343	348	354	360	365	371
783	376	382	387	393	398	404	409	415	421	426
784	432	437	443	448	454	459	465	470	476	481
785	487	492	498	504	509	515	520	526	531	537
786	542	548	553	559	564	570	575	581	586	592
787	597	603	609	614	620	625	631	636	642	647
788	653	658	664	669	675	680	686	691	697	702
789	708	713	719	724	730	735	741	746	752	757
790	765	768	774	779	785	790	796	801	807	812
791	818	823	829	834	840	845	851	856	862	867
792	873	878	883	889	894	900	905	911	916	922
793	927	933	938	944	949	955	960	966	971	977
794	982	988	993	998	*004	*009	*015	*020	*026	*031
795	90 037	042	048	053	059	064	069	075	080	086
796	091	097	102	108	113	119	124	129	135	140
797	146	151	157	162	168	173	179	184	189	195
798	200	206	211	217	222	227	233	238	244	249
799	255	260	266	271	276	282	287	293	298	304
	0	1	2	3	4	5	6	7	8	9

	0	1	2	3	4	5	6	7	8	9
800	90 309	314	320	325	331	336	342	347	352	358
801	363	369	374	380	385	390	396	401	407	412
802	417	423	428	434	439	445	450	455	461	466
803	472	477	482	488	493	499	504	509	515	520
804	526	531	536	542	547	553	558	563	569	574
805	580	585	590	596	601	607	612	617	623	628
806	634	639	644	650	655	660	666	671	677	682
807	687	693	698	703	709	714	720	725	730	736
808	741	747	752	757	763	768	773	779	784	789
809	795	800	806	811	816	822	827	832	838	843
810	849	854	859	865	870	875	881	886	891	897
811	902	907	913	918	924	929	934	940	945	950
812	956	961	966	972	977	982	988	993	998	*004
813	91 009	014	020	025	030	036	041	046	052	057
814	062	068	073	078	084	089	094	100	105	110
815	116	121	126	132	137	142	148	153	158	164
816	169	174	180	185	190	196	201	206	112	217
817	222	228	233	238	243	249	254	259	265	270
818	275	281	286	291	297	302	307	312	318	323
819	328	334	339	344	350	355	360	365	371	376
820	381	387	392	397	403	408	413	418	424	429
821	434	440	445	450	455	461	466	471	477	482
822	487	492	498	503	508	514	519	524	529	535
823	540	545	551	556	561	566	572	577	582	587
824	593	598	603	609	614	619	624	630	635	640
825	645	651	656	661	666	672	677	682	687	693
826	698	703	709	714	719	724	730	735	740	745
827	751	756	761	766	772	777	782	787	793	798
828	803	808	814	819	824	829	834	840	845	850
829	855	861	866	871	876	882	887	892	897	903
830	908	913	918	924	929	934	939	944	950	955
831	960	965	971	976	981	986	991	997	*002	*007
832	92 012	018	023	028	033	038	044	049	054	059
833	065	070	075	080	085	091	096	101	106	111
	0	1	2	3	4	5	6	7	8	9

	0	1	2	3	4	5	6	7	8	9
833	92 065	070	075	080	085	091	096	101	106	111
834	117	122	127	132	137	143	148	153	158	163
835	169	174	179	184	189	195	200	205	210	215
836	221	226	231	236	241	247	252	257	262	267
837	273	278	283	288	293	298	304	309	314	319
838	324	330	335	340	345	350	355	361	366	371
839	376	381	387	392	397	402	407	412	418	423
840	428	433	438	443	449	454	459	464	469	474
841	480	485	490	495	500	505	511	516	521	526
842	531	536	542	547	552	557	562	567	572	578
843	583	588	593	598	603	609	614	619	624	629
844	634	639	645	650	655	660	665	670	675	681
845	686	691	696	701	706	711	716	722	727	732
846	737	742	747	752	758	763	768	773	778	783
847	788	793	799	804	809	814	819	824	829	834
848	840	845	850	855	860	865	870	875	881	886
849	891	896	901	906	912	916	921	927	932	937
850	942	947	952	957	962	967	973	978	983	988
851	993	998	*003	*008	*013	*018	*024	*029	*034	*039
852	93 044	049	054	059	064	069	075	080	085	090
853	095	100	105	110	115	120	125	131	136	141
854	146	151	156	161	166	171	176	181	186	192
855	197	202	207	212	217	222	227	232	237	241
856	247	252	258	263	268	273	278	283	288	295
857	298	303	308	323	318	323	328	334	339	344
858	349	354	359	364	369	374	379	384	589	394
859	399	404	409	414	420	425	430	435	440	445
860	450	455	460	465	470	475	480	485	490	495
861	500	505	510	515	520	526	531	536	541	546
862	551	556	561	566	571	576	581	586	591	596
863	601	606	611	616	621	626	631	656	641	646
864	651	656	661	666	671	676	682	687	692	697
865	702	707	712	717	722	727	732	737	742	747
866	752	757	762	767	772	777	782	787	792	797
	0	1	2	3	4	5	6	7	8	9

	0	1	2	3	4	5	6	7	8	9
866	93 752	757	762	767	772	777	782	787	792	797
867	802	807	812	817	822	827	832	837	842	847
868	852	857	862	867	872	877	882	887	892	897
869	902	907	922	917	922	927	932	937	942	947
870	952	957	862	967	972	977	982	987	992	997
871	94 002	007	012	017	022	027	032	037	012	047
872	052	057	062	067	072	077	082	086	091	096
873	101	106	111	116	121	126	131	136	141	146
874	151	156	161	166	171	176	181	186	191	196
875	201	206	211	216	221	226	231	236	240	245
876	250	255	260	265	270	275	280	285	290	295
877	300	305	310	315	320	325	330	335	340	345
878	349	354	359	364	369	374	379	384	389	394
879	399	404	409	414	419	424	429	433	438	443
880	448	453	468	463	468	473	478	483	488	493
881	498	503	507	512	517	522	527	532	537	542
882	547	552	557	562	567	571	576	581	586	591
883	596	601	606	611	616	621	626	630	635	640
884	645	650	655	660	665	670	675	680	685	689
885	694	699	704	709	714	719	724	729	734	738
886	743	748	753	758	763	768	773	778	783	787
887	792	797	802	807	812	817	822	827	832	836
888	841	846	851	856	861	866	871	876	880	885
889	890	895	900	905	910	915	919	924	929	934
890	939	944	949	954	959	963	968	973	978	983
891	988	993	998	*002	*007	*012	*017	*022	*027	*032
892	95 036	041	046	051	056	061	066	071	075	080
893	085	090	095	100	105	109	114	119	124	129
894	134	139	143	148	153	158	163	168	173	177
895	182	187	192	197	202	207	211	216	221	226
896	231	236	240	245	250	255	260	265	270	274
897	279	284	289	294	299	303	308	313	318	323
898	328	332	337	342	347	352	357	361	366	371
899	376	381	386	390	395	400	405	410	415	419
	0	1	2	3	4	5	6	7	8	9

LOGARITHMES

		0	1	2	3	4	5	6	7	8	9
900	95	424	429	434	439	444	448	453	458	463	468
901		472	477	482	487	492	497	501	506	511	516
902		521	525	530	535	540	545	550	554	559	564
903		569	574	578	583	588	593	598	602	607	612
904		617	622	626	631	636	641	646	650	655	660
905		665	670	674	679	684	689	694	698	703	708
906		713	718	722	727	732	737	742	746	751	756
907		761	766	770	775	780	785	789	794	799	804
908		809	813	818	823	828	832	837	842	847	852
909		856	861	866	871	875	880	885	890	895	899
910		904	909	914	918	923	928	933	938	942	947
911		952	957	961	966	971	976	980	985	990	995
912		999*	004*	009*	014*	019*	025*	028*	033*	038*	042
913	96	047	052	057	061	066	071	076	080	085	090
914		095	099	104	109	114	118	123	128	133	137
915		142	147	152	156	161	166	171	175	180	185
916		190	194	199	204	209	213	218	223	227	232
917		237	242	246	251	256	261	265	270	275	280
918		284	289	294	298	303	308	313	317	322	327
919		332	336	341	346	350	355	360	365	369	374
920		379	384	388	393	398	402	407	412	417	421
921		426	431	435	440	445	450	454	459	464	468
922		473	478	483	487	492	497	501	506	511	515
923		520	525	530	534	539	544	548	553	558	562
924		567	572	577	581	586	591	595	600	605	609
925		614	619	624	628	633	638	642	647	652	656
926		661	666	670	675	680	685	689	694	699	703
927		708	713	717	722	727	731	736	741	745	750
928		755	759	764	769	774	778	783	788	792	797
929		802	806	811	816	820	825	830	834	839	844
930		848	853	858	862	867	872	876	881	886	890
931		895	900	904	909	914	918	923	928	932	937
932		942	946	951	956	960	965	970	974	979	984
933		988	993	997	002*	007*	011*	016*	021*	025*	030
		0	1	2	3	4	5	6	7	8	9

	0	1	2	3	4	5	6	7	8	9
933	96 988	993	997	*002	*007	*011	*016	*021	*025	*030
934	97 035	039	044	049	053	058	063	067	072	077
935	081	086	090	095	100	104	109	114	118	123
936	128	132	137	142	146	151	155	160	165	169
937	174	179	183	188	192	197	202	206	211	216
938	220	225	230	234	239	243	248	253	257	262
939	267	271	276	280	285	290	294	299	304	308
940	313	317	322	327	331	336	340	345	350	354
941	359	364	368	373	377	382	387	391	396	400
942	405	410	414	419	424	428	433	437	442	447
943	451	456	460	465	470	474	479	483	488	493
944	497	502	506	512	516	520	525	529	534	539
945	543	548	552	557	562	566	571	575	580	585
946	589	594	598	603	607	612	617	621	626	630
947	635	640	644	649	653	658	663	667	672	676
948	681	685	690	695	699	704	708	713	717	722
949	727	731	736	740	745	749	754	759	763	768
950	772	777	782	786	791	795	800	804	809	813
951	818	823	827	832	836	841	845	850	855	859
952	864	868	873	877	882	886	891	896	900	905
953	909	914	918	923	928	932	937	941	946	950
954	955	959	964	968	973	978	982	987	991	996
955	98 000	005	009	014	019	023	028	032	037	041
956	046	050	055	059	064	068	073	078	082	087
957	091	096	100	105	109	114	118	123	127	132
958	137	141	146	150	155	159	164	168	173	177
959	182	186	191	195	200	204	209	214	218	223
960	227	232	236	241	246	250	254	259	263	268
961	272	277	281	286	290	295	299	304	308	313
962	318	322	327	331	336	340	345	349	354	358
963	363	367	372	376	381	385	390	394	399	403
964	408	412	417	421	426	430	435	439	444	448
965	453	457	462	466	471	475	480	484	489	493
966	498	502	507	511	516	520	525	529	534	538
	0	1	2	3	4	5	6	7	8	9

LOGARITHMES

	0	1	2	3	4	5	6	7	8	9
966	98 498	502	507	511	516	520	525	529	534	538
967	543	547	552	556	561	565	570	574	579	583
968	588	592	597	601	605	610	614	619	623	628
969	632	637	641	646	650	655	659	664	668	673
970	677	682	686	691	695	700	704	709	713	717
971	722	726	731	735	740	744	749	753	758	762
972	767	771	776	780	784	789	793	798	802	807
973	811	816	820	825	829	834	838	843	847	851
974	856	860	865	869	874	878	883	887	892	896
975	900	905	909	914	918	923	927	932	936	941
976	945	949	954	958	963	967	972	976	981	985
977	989	994	998	*003	007	*012	*016	*021	*025	*029
978	99 034	038	043	047	052	056	061	065	069	074
979	078	083	087	092	096	100	105	109	114	118
980	123	127	131	136	140	145	149	154	158	162
981	167	171	176	180	185	189	193	198	202	207
982	211	216	220	224	229	233	238	242	247	251
983	255	260	264	269	273	277	282	286	291	295
984	300	304	308	313	317	322	326	330	335	339
985	344	348	352	357	361	366	370	374	379	383
986	388	392	396	401	405	410	414	419	423	427
987	432	436	441	445	449	454	458	463	467	471
988	476	480	484	489	493	498	502	506	511	515
989	520	524	528	533	537	542	546	550	555	559
990	564	568	572	577	581	585	590	594	599	605
991	607	612	616	621	625	629	634	638	642	647
992	651	656	660	664	669	673	677	682	686	691
993	695	699	704	708	712	717	721	726	730	734
994	739	743	747	752	756	760	765	769	774	778
995	782	787	791	795	800	804	808	813	817	822
996	826	830	835	839	843	848	852	856	861	865
997	870	874	878	883	887	891	896	900	904	909
998	913	917	922	926	930	935	939	944	948	952
999	957	961	965	970	974	978	983	987	991	996
	0	1	2	3	4	5	6	7	8	9

LOGARITHMES

DES SINUS ET TANGENTES

POUR

LE RAYON $= 10\ 000\ 000\ 000.$

	Sin. 0°	Sin. 1°	Sin. 2°	Sin. 3°	Sin. 4°	
0	—∞	8,24186	8,54282	8,71880	8,84358	60
1	6,46373	8,24903	8,54642	8,72120	8,84539	59
2	6,76476	8,25609	8,54999	8,72359	8,84718	58
3	6,94085	8,26304	8,55354	8,72597	8,84897	57
4	7,06579	8,26988	8,55705	8,72834	8,85075	56
5	7,16270	8,27661	8,56054	8,73069	8,85252	55
6	7,24188	8,28324	8,56400	8,73303	8,85429	54
7	7,30882	8,28977	8,56743	8,73535	8,85605	53
8	7,36682	8,29621	8,57084	8,73767	8,85780	52
9	7,41797	8,30255	8,57421	8,73997	8,85955	51
10	7,46373	8,30879	8,57757	8,74226	8,86128	50
11	7,50512	8,31495	8,58089	8,74454	8,86301	49
12	7,54291	8,32103	8,58419	8,74680	8,86474	48
13	7,57767	8,32702	8,58747	8,74906	8,86645	47
14	7,60985	8,33292	8,59072	8,75130	8,86816	46
15	7,63982	8,33875	8,59395	8,75353	8,86987	45
16	7,66784	8,34450	8,59715	8,75575	8,87156	44
17	7,69417	8,35018	8,60033	8,75795	8,87325	43
18	7,71900	8,35578	8,60349	8,76015	8,87494	42
19	7,74248	8,36131	8,60662	8,76234	8,87661	41
20	7,76475	8,36678	8,60973	8,76451	8,87829	40
21	7,78594	8,37217	8,61282	8,76667	8,87995	39
22	7,80615	8,37750	8,61589	8,76883	8,88161	38
23	7,82545	8,38276	8,61894	8,77097	8,88326	37
24	7,84393	8,38796	8,62196	8,77310	8,88490	36
25	7,86166	8,39310	8,62497	8,77522	8,88654	35
26	7,87870	8,39818	8,62795	8,77733	8,88817	34
27	7,89509	8,40320	8,63091	8,77943	8,88980	33
28	7,91088	8,40816	8,63385	8,78152	8,89142	32
29	7,92612	8,41307	8,63678	8,78360	8,89304	31
30	7,94084	8,41792	8,63968	8,78568	8,89464	30
	Cos. 89°	Cos. 88°	Cos. 87°	Cos. 86°	Cos. 85°	

	Tang. 0°	Tang. 1°	Tang. 2°	Tang. 3°	Tang. 4°	
0	— ∞	8,24192	8,54308	8,71940	8,84464	60
1	6,46375	8,24910	8,54669	8,72181	8,84646	59
2	6,76476	8,25616	8,54027	8,72420	8,84826	58
3	6,94085	8,26312	8,55382	8,72659	8,85006	57
4	7,06579	8,26996	8,55734	8,72896	8,85185	56
5	7,16270	8,27669	8,56083	8,73132	8,85363	55
6	7,24188	8,28332	8,56429	8,73366	8,85540	54
7	7,50382	8,28986	8,56773	8,73600	8,85517	53
8	7,36682	8,29629	8,57114	8,73832	8,85893	52
9	7,41797	8,30263	8,57452	8,74063	8,86069	51
10	7,46375	8,30888	8,57788	8,74292	8,86243	50
11	7,50512	8,51505	8,58121	8,74521	8,86417	49
12	7,54291	8,32112	8,58451	8,74748	8,86591	48
13	7,57767	8,32711	8,58779	8,74974	8,86763	47
14	7,60986	8,33502	8,59105	8,75199	8,86935	46
15	7,63922	8,53886	8,59428	8,75423	8,87106	45
16	7,66785	8,34461	8,59749	8,75645	8,87277	44
17	7,69418	8,35029	8,60068	8,75867	8,87447	43
18	7,71900	8,55590	8,60384	8,76087	8,87616	42
19	7,74248	8,36143	8,60698	8,76306	8,87785	41
20	7,76476	8,36689	8,61009	8,76525	8,87953	40
21	7,78595	8,37229	8.61319	8,76742	8,88120	39
22	7,80615	8,37762	8,61626	8,76958	8,88287	38
23	7,82546	8,58289	8,01931	8,77175	8,88455	37
24	7,84394	8,38809	8,62234	8,77387	8,88618	36
25	7,86167	8,59323	8,62535	8,77600	8,88783	35
26	7,87871	8,59832	8,62834	8,77811	8,88948	34
27	7,89510	8,40334	8,63131	8,78022	8,89111	33
28	7,91089	8,40830	8,63426	8,78232	8,89274	32
29	7,92615	8,44321	8,63718	8,78441	8,89437	31
30	7,94086	8,41807	8,64009	8,78649	8,89598	30
	Cot. 89°	Cot. 88°	Cot. 87°	Cot. 86°	Cot. 85°	

D.

	Sin. 0°	Sin. 1°	Sin. 2°	Sin. 3°	Sin. 4°	
30	7,94084	8,41792	8,63968	8,78568	8,89464	30
31	7,95508	8,42272	8,64256	8,78774	8,89625	29
32	7,96887	8,42746	8,64543	8,78979	8,89784	28
33	7,98223	8,43216	8,64827	8,79183	8,89943	27
34	7,99520	8,43680	8,65110	8,79386	8,90102	26
35	8,00779	8,44139	8,65391	8,79588	8,90260	25
36	8,02002	8,44594	8,65670	8,79789	8,90417	24
37	8,03192	8,45044	8,65947	8,79990	8,90574	23
38	8,04350	8,45489	8,66223	8,80189	8,90730	22
39	8,05478	8,45930	8,66497	8,80388	8,90885	21
40	8,06578	8,46366	8,66769	8,80585	8,91040	20
41	8,07650	8,46799	8,67039	8,80782	8,91195	19
42	8,08696	8,47226	8,67308	8,80978	8,91349	18
43	8,09718	8,47650	8,67575	8,81173	8,91502	17
44	8,10717	8,48069	8,67841	8,81367	8,91655	16
45	8,11693	8,48485	8,68104	8,81560	8,91807	15
46	8,12647	8,48896	8,68367	8,81752	8,91959	14
47	8,13581	8,49304	8,68627	8,81944	8,92110	13
48	8,14495	8,49708	8,68886	8,82134	8,92261	12
49	8,15391	8,50108	8,69144	8,82324	8,92411	11
50	8,16268	8,50504	8,69400	8,82513	8,92561	10
51	8,17128	8,50897	8,69654	8,82701	8,92710	9
52	8,17971	8,51287	8,69907	8,82888	8,92859	8
53	8,18798	8,51673	8,70159	8,83075	8,93007	7
54	8,19610	8,52055	8,70409	8,83261	8,93154	6
55	8,20407	8,52434	8,70658	8,83446	8,93301	5
56	8,21189	8,52810	8,70905	8,83630	8,93448	4
57	8,21958	8,53183	8,71151	8,83813	8,93594	3
58	8,22713	8,53552	8,71395	8,83996	8,93740	2
59	8,23456	8,53919	8,71638	8,84177	8,93885	1
60	8,24186	8,54282	8,71880	8,84358	8,94030	0
	Cos. 89°	Cos. 88°	Cos. 87°	Cos. 86°	Cos. 85°	

	Tang. 0°	Tang. 1°	Tang. 2°	Tang. 3°	Tang. 4°	
30	7,94086	8,41807	8,64009	8,78649	8,89598	30
31	7,95510	8,42287	8,64298	8,78855	8,89760	29
32	7,96889	8,42762	8,64585	8,79061	8,89920	28
33	7,98225	8,43232	8,64870	8,79266	8,90080	27
34	7,99522	8,43696	8,65154	8,79470	8,90240	26
35	8,00781	8,44156	8,65435	8,79673	8,90399	25
36	8,02004	8,44611	8,65715	8,79875	8,90557	24
37	8,03194	8,45061	8,65993	8,80076	8,90715	23
38	8,04353	8,45507	8,66269	8,80277	8,90872	22
39	8,05481	8,45948	8,66543	8,80476	8,91029	21
40	8,06581	8,46385	8,66816	8,80674	8,91185	20
41	8,07653	8,46817	8,67087	8,80872	8,91340	19
42	8,08700	8,47245	8,67356	8,81068	8,91495	18
43	8,09722	8,47669	8,67624	8,81264	8,91650	17
44	8,10720	8,48089	8,67890	8,81459	8,91803	16
45	8,11696	8,48505	8,68154	8,81653	8,91957	15
46	8,12651	8,48917	8,68417	8,81846	8,92110	14
47	8,13585	8,49325	8,68678	8,82038	8,92262	13
48	8,14500	8,49729	8,68938	8,82230	8,92414	12
49	8,15395	8,50130	8,69196	8,82420	8,92565	11
50	8,16273	8,50527	8,69453	8,82610	8,92716	10
51	8,17133	8,50920	8,69708	8,82799	8,92866	9
52	8,17976	8,51310	8,69962	8,82987	8,93016	8
53	8,18804	8,51696	8,70214	8,83175	8,93165	7
54	8,19616	8,52079	8,70465	8,83361	8,93313	6
55	8,20413	8,52459	8,70714	8,83547	8,93462	5
56	8,21195	8,52835	8,70962	8,83732	8,93609	4
57	8,21964	8,53208	8,71208	8,83916	8,93756	3
58	8,22720	8,53578	8,71453	8,84100	8,93903	2
59	8,23462	8,53945	8,71697	8,84282	8,94049	1
60	8,24192	8,54308	8,71940	8,84464	8,94195	0
	Cot. 89°	Cot. 88°	Cot. 87°	Cot. 86°	Cot. 85°	

	0	1	2	3	4	5	6	7	8	9	
Sin. 5°					8,94 030					Cos. 85°	
0	94 030	174	317	461	603	746	887	*029	*170	*310	50
10	95 450	589	728	867	*005	*143	*280	*417	*553	*689	40
20	96 825	960	*095	*229	*363	*496	*629	*762	*894	*026	30
30	98 137	288	419	549	679	808	937	*066	*194	*322	20
40	99 450	577	704	830	956	*082	*207	*332	*456	*581	10
50	00 704	828	951	*074	*196	*318	*440	*561	*682	*803	0
Sin. 6°					9,01 923					Cos. 84°	
0	01 923	*043	163	*283	*402	*520	*639	*757	*874	*992	50
20	03 109	226	342	458	574	690	805	920	*034	*149	40
30	04 262	376	490	603	715	828	940	*052	*164	*275	30
40	05 386	497	607	717	827	937	*046	*155	*264	*572	20
50	06 481	589	696	804	911	*018	*124	*231	*337	*442	10
0	07 548	653	758	863	968	*072	*176	*280	*383	*486	0
Sin. 7°					9,08 589					Cos. 83°	
0	08 589	692	795	897	999	*101	*202	*304	*405	*506	50
10	09 606	707	807	907	*006	*106	*205	*304	*402	*501	40
20	10 599	697	795	893	990	*087	*184	*281	*377	*474	30
30	11 570	666	761	857	952	*047	*142	*236	*331	*425	20
40	12 519	612	706	799	892	985	*078	*171	*263	*355	10
50	13 447	539	630	722	813	904	994	*085	*175	*266	0
Sin. 8°					9,14 356					Cos. 82°	
0	14 356	445	535	624	714	803	891	980	*069	*157	50
10	15 245	333	421	508	596	683	770	857	944	*030	40
20	16 116	203	289	374	460	545	631	716	801	886	30
30	970	*055	*139	*223	*307	*391	*474	*558	*641	*724	20
40	17 807	890	973	*055	*137	*220	*302	*383	*465	*547	10
50	18 628	709	790	871	952	*033	*113	*193	*273	*353	0
Sin. 9°					9,19 433					Cos. 81°	
0	19 433	513	592	672	751	830	909	988	*067	*145	50
10	20 225	302	380	458	535	613	691	768	845	922	40
20	999	*076	*153	*229	*306	*382	*458	*534	*610	*685	39
30	21 761	836	912	987	*062	*137	*211	*286	*361	*435	20
40	22 509	583	657	731	805	878	952	*025	*098	*171	10
50	23 244	317	390	462	535	607	679	752	823	895	0
Sin. 10°					9,23 967					Cos. 80°	
	10	9	8	7	6	5	4	3	2	1	

	0	1	2	3	4	5	6	7	8	9	

Tang. 5° — 8,94 195 — Cot. 85°

	0	1	2	3	4	5	6	7	8	9	
0	94 195	340	485	630	775	917	*060	*202	*344	*486	50
10	95 627	767	908	*047	*187	*325	*464	*602	*739	*877	40
20	97 013	150	285	421	556	691	825	959	*092	*225	30
30	98 358	490	622	753	884	*015	*145	*275	*405	*534	20
40	99 662	791	919	*046	*174	*301	*427	*553	*679	*805	10
50	00 950	*053	*179	*303	*427	*550	*673	*796	*918	*040	0

Tang. 6° — 9,02 162 — Cot. 84°

	0	1	2	3	4	5	6	7	8	9	
0	02 162	283	404	525	645	766	885	*005	*124	*242	50
10	03 361	479	597	714	832	948	*065	*181	*297	*413	40
20	04 528	643	758	873	987	*101	*214	*328	*441	*553	30
30	05 666	778	890	*002	*115	*224	*335	*445	*555	*666	20
40	06 775	885	994	*103	*211	*320	*428	*536	*645	*751	10
50	07 858	964	*071	*177	*283	*389	*495	*600	*705	*810	0

Tang. 7° — 9,08 914 — Cot. 83°

	0	1	2	3	4	5	6	7	8	9	
0	08 914	*019	*125	*227	*330	*434	*537	*640	*742	*845	50
10	09 947	*049	*150	*252	*353	*454	*555	*656	*756	*856	40
20	10 956	*056	*155	*254	*353	*452	*551	*649	*747	*845	30
30	11 945	*040	*138	*235	*332	*428	*525	*621	*717	*813	20
40	12 909	*004	*099	*194	*289	*384	*478	*575	*667	*761	10
50	13 854	948	*041	*134	*227	*320	*412	*504	*597	*688	0

Tang. 8° — 9,14 780 — Cot. 82°

	0	1	2	3	4	5	6	7	8	9	
0	14 780	872	963	*054	*145	*236	*327	*417	*508	*598	50
10	15 688	777	867	956	*046	*135	*224	*312	*401	*489	40
20	16 577	665	753	841	928	*016	*103	*190	*277	*363	30
30	17 450	556	622	708	794	880	965	*051	*156	*221	20
40	18 306	391	475	560	644	728	812	896	979	*063	10
50	19 146	229	312	395	478	561	643	725	807	889	0

Tang. 9° — 9,19 971 — Cot. 81°

	0	1	2	3	4	5	6	7	8	9	
0	19 971	*053	*134	*216	*297	*378	*459	*540	*621	*701	50
10	20 782	862	942	*022	*102	*182	*261	*341	*420	*499	40
20	21 578	657	736	814	893	971	*049	*127	*205	*283	30
30	22 361	438	516	593	670	747	824	901	977	*054	20
40	23 130	206	285	359	433	510	586	661	737	812	10
50	887	962	*037	*112	*186	*261	*335	*410	*484	*558	0

Tang. 10° — 9,24 632 — Cot. 80°

	10	9	8	7	6	5	4	3	2	1	

	0	1	2	3	4	5	6	7	8	9	

Sin. 10°　　　9,23 967　　　Cos. 80°

	0	1	2	3	4	5	6	7	8	9	
0	23 967	*039	*110	*181	*253	*324	*393	*466	*536	*607	50
10	24 677	748	818	888	958	*028	*098	*168	*237	*307	40
20	25 376	445	514	583	652	721	790	858	927	995	30
30	26 063	131	199	267	335	403	470	538	605	672	20
40	739	806	873	940	*007	*073	*140	*206	*273	*339	10
50	27 405	471	537	602	668	734	799	864	930	995	0

Sin. 11°　　　9,28 060　　　Cos. 79°

	0	1	2	3	4	5	6	7	8	9	
0	28 060	125	190	254	319	384	448	512	577	641	50
10	705	769	833	896	960	*024	*087	*150	*214	*277	40
20	29 340	403	466	529	591	654	716	779	841	903	30
30	966	*028	*090	*151	*215	*275	*336	*398	*459	*521	20
40	30 582	645	704	765	826	887	947	*008	*068	*129	10
50	31 189	250	310	370	430	490	549	609	669	728	0

Sin. 12°　　　9,31 788　　　Cos. 78°

	0	1	2	3	4	5	6	7	8	9	
0	31 788	847	907	966	*025	*084	*143	*202	*261	*319	50
10	32 378	437	495	553	612	670	728	786	844	902	40
20	960	*018	*075	*133	*190	*248	*305	*362	*420	*477	30
30	33 534	591	647	704	761	818	874	931	987	*043	20
40	34 100	156	212	268	324	380	436	491	547	602	10
50	658	713	769	824	879	934	989	*044	*099	*154	0

Sin. 13°　　　9,35 209　　　Cos. 77°

	0	1	2	3	4	5	6	7	8	9	
0	35 209	263	318	373	427	481	536	590	644	698	50
10	752	806	860	914	968	*022	*075	*129	*182	*236	40
20	36 289	342	395	449	502	555	608	660	713	766	30
30	819	871	924	976	*028	*081	*133	*185	*237	*289	20
40	37 341	393	445	497	549	600	652	703	755	806	10
50	858	909	960	*011	*062	*113	*164	*215	*266	*317	0

Sin. 14°　　　9,38 368　　　Cos. 76°

	0	1	2	3	4	5	6	7	8	9	
0	38 368	418	469	519	570	620	670	721	771	821	50
10	871	921	971	*021	*071	*121	*170	*220	*270	*319	40
20	39 369	418	467	517	566	615	664	713	762	811	30
30	860	909	*958	*006	*055	*103	*152	*200	*249	*297	20
40	40 346	394	442	490	538	586	634	682	730	778	10
50	825	873	921	968	*016	*065	*111	*158	*205	*252	0

Sin. 15°　　　9,41 300　　　Cos. 75°

	10	9	8	7	6	5	4	3	2	1	

	0	1	2	3	4	5	6	7	8	9	

Tang. 10°   9,24 632   Cot. 80°

	0	1	2	3	4	5	6	7	8	9	
0	24 652	706	779	853	926	*000	*073	*146	*219	*292	50
10	25 365	437	510	582	655	727	799	871	943	*015	40
20	26 086	158	229	301	372	443	514	585	655	726	30
30	797	867	937	*008	*078	*148	*218	*288	*357	*427	20
40	27 496	566	635	704	775	842	911	980	*049	*117	10
50	28 186	254	322	391	459	527	595	662	730	798	0

Tang. 11°   9,28 865   Cot. 79°

	0	1	2	3	4	5	6	7	8	9	
0	28 865	933	*000	*067	*134	*201	*268	*335	*402	*468	50
10	29 555	601	668	734	800	866	932	998	*064	*130	40
20	30 195	261	326	391	457	522	587	652	717	782	30
30	816	911	975	*040	*104	*168	*233	*297	*361	*425	20
40	31 489	552	616	679	743	806	870	933	996	*059	10
50	32 122	185	248	311	373	436	498	561	623	685	0

Tang. 12°   9,32 747   Cot. 78°

	0	1	2	3	4	5	6	7	8	9	
0	32 747	810	872	933	995	*057	*119	*180	*242	*303	50
10	33 365	426	487	548	609	670	731	792	853	913	40
20	974	*034	*095	*155	*215	*276	*336	*396	*456	*516	30
30	34 576	635	695	755	814	874	933	992	*051	*111	20
40	35 170	229	288	347	405	464	523	581	640	698	10
50	757	815	873	931	989	*047	*105	*163	*221	*279	0

Tang. 13°   9,36 336   Cot. 77°

	0	1	2	3	4	5	6	7	8	9	
0	36 336	394	452	509	566	624	681	738	795	852	50
10	909	966	*023	*080	*137	*193	*250	*306	*363	*419	40
20	37 476	532	588	644	700	756	812	868	924	980	30
30	38 035	091	147	202	257	313	368	423	479	534	20
40	589	644	699	754	808	863	918	972	*027	*082	10
50	39 136	190	245	299	353	407	461	515	569	623	0

Tang. 14°   9,39 677   Cot. 76°

	0	1	2	3	4	5	6	7	8	9	
0	39 677	731	785	838	892	945	999	*052	*106	*159	50
10	40 212	266	319	372	425	478	531	584	636	689	40
20	742	795	847	900	952	*005	*057	*109	*161	*214	30
30	41 266	318	370	422	474	526	578	629	681	733	20
40	784	836	887	939	990	*041	*093	*144	*195	*246	10
50	42 297	348	399	450	501	552	603	653	704	755	0

Tang. 15°   9,42 805   Cot. 75°

	10	9	8	7	6	5	4	3	2	1	

	0	1	2	3	4	5	6	7	8	9	

Sin. 15°   9,41 300   **Cos. 75°**

	0	1	2	3	4	5	6	7	8	9	
0	41 300	347	394	441	488	535	582	628	675	722	50
10	768	815	861	908	954	*001	*047	*093	*140	*186	40
20	42 232	278	324	370	416	461	507	553	599	644	30
30	690	735	781	826	872	917	962	*008	*053	*098	20
40	43 143	188	233	278	323	367	412	457	502	546	10
50	591	635	680	724	769	813	857	901	946	990	0

Sin. 16°   9,44 034   **Cos. 74°**

	0	1	2	3	4	5	6	7	8	9	
0	44 034	078	122	166	210	253	297	341	385	428	50
10	472	516	559	602	646	689	733	776	819	862	40
20	905	948	992	*035	*077	*120	*163	*206	*249	*292	30
30	45 334	377	419	462	504	547	589	632	674	716	20
40	758	801	843	885	927	969	*011	*053	*095	*136	10
50	46 178	220	262	303	345	386	428	469	511	552	0

Sin. 17°   9,46 594   **Cos. 73°**

	0	1	2	3	4	5	6	7	8	9	
0	46 594	635	676	717	758	800	841	882	923	964	50
10	47 003	045	086	127	168	209	249	290	330	371	40
20	411	452	492	533	573	613	654	694	734	774	30
30	814	854	894	934	974	*014	*054	*094	*133	*173	20
40	48 213	252	292	332	371	411	450	490	529	568	10
50	607	647	686	725	764	803	842	881	920	959	0

Sin. 18°   9,48 998   **Cos. 72°**

	0	1	2	3	4	5	6	7	8	9	
0	48 998	*037	*076	*115	*153	*192	*231	*269	*308	*347	50
10	49 385	424	462	500	539	577	615	654	692	730	40
20	768	806	844	882	920	958	996	*034	*072	*110	30
30	50 148	185	223	261	298	336	374	411	449	486	20
40	523	561	598	635	673	710	747	784	821	858	10
50	896	933	970	*007	*043	*080	*117	*154	*191	*227	0

Sin. 19°   9,51 264   **Cos. 71°**

	0	1	2	3	4	5	6	7	8	9	
0	51 264	301	338	374	411	447	484	520	557	*593	50
10	629	666	702	738	774	811	847	883	919	955	40
20	991	*027	*063	*099	*135	*171	*207	*242	*278	*314	39
30	52 350	385	421	456	492	527	563	598	634	669	20
40	705	740	775	811	846	881	916	951	986	*021	10
50	53 056	092	126	161	196	231	266	301	336	370	0

Sin. 20°   9,53 405   **Cos. 70°**

	10	9	8	7	6	5	4	3	2	1	

	0	1	2	3	4	5	6	7	8	9	

Tang. 15° 9,42 805 Cot. 75°

	0	1	2	3	4	5	6	7	8	9	
0	42 805	856	906	957	*007	*057	*108	*158	*208	*258	50
10	43 308	358	408	458	508	558	607	657	707	756	40
20	806	855	905	954	*004	*053	*102	*151	*201	*250	30
30	44 299	348	397	446	495	544	592	641	690	738	20
40	787	836	884	933	981	*029	*078	*126	*174	*222	10
50	45 271	319	367	415	463	511	559	606	654	702	0

Tang. 16° 9,45 750 Cot. 74°

	0	1	2	3	4	5	6	7	8	9	
0	45 750	797	845	892	940	987	*035	*082	*150	*177	50
10	46 224	271	319	366	413	460	507	554	601	648	40
20	694	741	788	835	881	928	975	*021	*068	*114	30
30	47 160	207	253	299	346	392	438	484	530	576	20
40	622	668	714	760	806	852	897	943	989	*035	10
50	48 080	126	171	217	262	307	353	398	443	489	0

Tang. 17° 9,48 534 Cot. 73°

	0	1	2	3	4	5	6	7	8	9	
0	48 534	579	624	669	714	759	804	849	894	959	50
10	984	*029	*073	*118	*163	*207	*252	*296	*341	*385	40
20	49 430	474	519	563	607	652	696	740	784	828	30
30	872	916	960	*004	*048	*092	*136	*180	*223	*267	20
40	50 311	355	398	442	485	529	572	616	659	705	10
50	746	789	833	876	919	962	*005	*048	*092	*135	0

Tang. 18° 9,51 178 Cot. 72°

	0	1	2	3	4	5	6	7	8	9	
0	51 178	221	264	306	349	392	435	478	520	563	50
10	606	648	691	734	776	819	861	903	946	988	40
20	52 031	073	115	157	200	242	284	326	368	410	30
30	452	494	536	578	620	661	703	745	787	829	20
40	870	912	953	995	*037	*078	*120	*161	*202	*244	10
50	53 285	327	368	409	450	492	533	574	615	656	0

Tang. 19° 9,53 697 Cot. 71°

	0	1	2	3	4	5	6	7	8	9	
0	53 697	738	779	820	861	902	943	*984	*025	*065	50
10	54 106	147	187	228	269	309	350	390	431	471	40
20	512	552	593	633	673	714	754	794	835	875	30
30	913	955	995	035	*075	*115	*155	*195	*235	*275	20
40	55 315	355	395	434	474	514	554	593	633	673	10
50	712	752	791	831	870	910	949	989	*028	*067	0

Tang 20° 9,56 107 Cot. 70°

	10	9	8	7	6	5	4	3	2	1	

	0	1	2	3	4	5	6	7	8	9	

Sin. 20°   9,53 405   **Cos. 70°**

	0	1	2	3	4	5	6	7	8	9	
0	53 405	440	475	509	544	578	613	647	682	716	50
10	751	785	819	854	888	922	955	991	*025	*059	40
20	54 093	127	161	195	229	263	297	331	365	399	30
30	433	466	500	534	567	601	635	668	702	735	20
40	769	802	836	869	903	936	969	*005	*036	*069	10
50	55 102	136	169	202	235	268	301	334	367	400	0

Sin. 21°   9,55 433   **Cos. 69°**

	0	1	2	3	4	5	6	7	8	9	
0	55 433	466	499	532	564	597	630	663	695	728	50
10	761	793	826	858	891	923	956	988	*021	*053	40
20	56 085	118	150	182	215	247	279	311	343	375	30
30	408	440	472	504	536	568	599	631	663	695	20
40	727	759	790	822	854	886	917	949	980	*012	10
50	57 044	075	107	138	169	201	232	264	295	326	0

Sin. 22°   9,57 358   **Cos. 68°**

	0	1	2	3	4	5	6	7	8	9	
0	57 358	389	420	451	482	514	545	576	607	638	50
10	669	700	731	762	793	824	855	885	916	947	40
20	978	*008	*039	*070	*101	*131	*162	*192	*223	*253	30
30	58 284	314	345	375	406	436	467	497	527	557	20
40	588	618	648	678	709	739	769	799	829	859	10
50	889	919	949	979	*009	*039	*069	*098	*128	*158	0

Sin. 23°   9,59 188   **Cos. 67°**

	0	1	2	3	4	5	6	7	8	9	
0	59 188	218	247	277	307	336	366	396	425	455	50
10	484	514	543	573	602	632	661	690	720	749	40
20	778	808	837	866	895	924	954	983	*012	*041	30
30	60 070	099	128	157	186	215	244	273	302	331	20
40	359	388	417	446	474	503	532	561	589	618	10
50	646	675	704	732	761	789	818	846	875	903	0

Sin. 24°   9,60 931   **Cos. 66°**

	0	1	2	3	4	5	6	7	8	9	
0	60 931	960	988	*016	*045	*073	*101	*129	*158	*186	50
10	61 214	242	270	298	326	354	382	411	438	466	40
20	494	522	550	578	606	634	662	689	717	745	30
30	773	800	828	856	883	911	939	966	994	*021	20
40	62 049	076	104	131	159	186	214	241	268	296	10
50	323	350	377	405	432	459	486	513	541	568	0

Sin. 25°   9,62 595   **Cos. 65°**

	10	9	8	7	6	5	4	3	2	1	

	0	1	2	3	4	5	6	7	8	9	
Tang. 20°					9,56 107				**Cot. 70°**		
0	56 107	146	185	224	264	303	342	381	420	459	50
10	498	537	576	615	654	693	732	771	810	849	40
20	887	926	965	*004	*042	*081	*120	*158	*197	*235	30
30	57 274	312	351	389	428	466	504	543	581	619	20
40	658	696	734	772	810	849	887	925	963	*001	10
50	58 039	077	115	153	191	229	267	304	342	380	0
Tang. 21°					9,58 418				**Cot. 69°**		
0	58 418	455	493	531	569	606	644	681	719	757	50
10	794	832	869	907	944	981	*019	*056	*094	*131	40
20	59 168	205	243	280	317	354	391	429	466	503	30
30	540	577	614	651	688	725	762	799	835	872	20
40	909	946	983	*019	*056	*093	*130	*166	*203	*240	10
50	60 276	313	349	386	422	459	495	532	568	605	0
Tang. 22°					9,60 641				**Cot. 68°**		
0	60 641	677	714	750	786	823	859	895	931	967	50
10	61 004	040	076	112	148	184	220	256	292	328	40
20	364	400	436	472	508	544	579	615	651	687	30
30	722	758	794	830	865	901	936	972	*008	*043	20
40	62 079	114	150	185	221	256	292	327	362	398	10
50	433	468	504	539	574	609	645	680	715	750	0
Tang. 23°					9,62 785				**Cot. 67°**		
0	62 785	820	855	890	926	961	996	*031	*066	*101	50
10	63 135	170	205	240	275	310	345	379	414	449	40
20	484	519	553	588	623	657	692	726	761	796	30
30	830	865	899	934	968	*003	*037	*072	*106	*140	20
40	64 175	209	243	278	312	346	381	415	449	483	10
50	517	552	586	620	654	688	722	756	790	824	0
Tang. 24°					9,64 858				**Cot. 66°**		
0	64 858	892	926	960	994	*028	*062	*096	*130	*164	50
10	65 197	231	265	299	333	366	400	434	467	501	40
20	535	568	602	636	669	703	736	770	803	837	30
30	870	904	937	971	*004	*038	*071	*104	*138	*171	20
40	66 204	238	271	304	337	371	404	437	470	503	10
50	537	570	603	636	669	702	735	768	801	834	0
Tang. 25°					966, 867				**Cot. 65°**		
	10	9	8	7	6	5	4	3	2	1	

	0	1	2	3	4	5	6	7	8	9	

Sin. 25°   9,62 595   **Cos. 65°**

	0	1	2	3	4	5	6	7	8	9	
0	62 595	622	649	676	703	730	757	784	811	838	50
10	865	892	918	945	972	999	*026	*052	*079	*106	40
20	63 133	159	186	213	239	266	293	319	345	372	30
30	398	425	451	478	504	531	557	583	610	636	20
40	662	689	715	741	767	794	820	846	872	898	10
50	924	950	976	*002	*028	*054	*080	*106	*132	*158	0

Sin. 26°   9,64 184   **Cos. 64°**

	0	1	2	3	4	5	6	7	8	9	
0	64 184	210	236	266	288	313	339	365	391	417	50
10	442	468	494	519	545	571	596	622	647	673	40
20	698	724	749	775	800	826	851	877	902	927	30
30	953	978	*003	*029	*054	*079	*104	*130	*155	*180	20
40	65 205	230	255	281	306	331	356	381	406	431	10
50	456	481	506	531	556	580	605	630	655	680	0

Sin. 27°   9,65 705   **Cos. 63°**

	0	1	2	3	4	5	6	7	8	9	
0	65 705	729	754	779	804	828	853	878	902	927	50
10	952	976	*001	*025	*050	*075	099	*124	*148	*173	40
20	66 197	221	246	270	295	319	343	368	392	416	30
30	441	465	489	513	537	562	586	610	634	658	20
40	682	706	731	755	779	803	827	851	875	899	10
50	922	946	970	994	*018	*042	*066	*090	*115	*137	0

Sin. 28°   9,67 161   **Cos. 62°**

	0	1	2	3	4	5	6	7	8	9	
0	67 161	185	208	232	256	280	303	327	350	374	50
10	398	421	445	468	492	515	539	562	586	609	40
20	633	656	680	703	726	750	773	796	820	843	30
30	866	890	913	936	959	982	*006	*029	*052	*075	20
40	68 098	121	144	167	190	213	237	260	283	305	10
50	328	351	374	397	420	443	466	489	512	534	0

Sin. 29°   9,68 557   **Cos. 61°**

	0	1	2	3	4	5	6	7	8	9	
0	68 557	580	603	625	648	671	694	716	739	762	50
10	784	807	829	852	875	897	920	942	965	987	40
20	69 010	032	055	077	100	122	144	167	189	212	30
30	234	256	279	301	323	345	368	390	412	434	20
40	456	479	501	523	545	567	589	611	633	655	10
50	677	699	721	743	765	787	809	831	853	875	0

Sin. 30°   9,69 897   **Cos. 60°**

	10	9	8	7	6	5	4	3	2	1	

	0	1	2	3	4	5	6	7	8	9	
Tang. 25°					9,66 867				**Cot. 65°**		
0	66 867	900	933	966	999	*032	*065	*098	*131	*163	50
10	67 196	229	262	295	327	360	393	426	458	491	40
20	524	556	589	622	654	687	719	752	785	817	30
30	850	882	915	947	980	*012	*044	*077	*109	*142	20
40	68 174	206	239	271	303	336	368	400	452	465	10
50	497	529	561	593	626	658	690	722	754	786	0
Tang. 26°					9,68 818				**Cot. 64°**		
0	68 818	850	882	914	946	978	*010	*042	*074	*106	50
10	69 138	170	202	234	266	298	329	361	393	425	40
20	457	488	520	552	584	615	647	679	710	742	30
30	774	805	837	868	900	932	963	995	*026	*058	20
40	70 089	121	152	184	215	247	278	309	341	372	10
50	404	435	466	498	529	560	592	623	654	685	0
Tang. 27°					9,70 717				**Cot. 63°**		
0	70 717	748	779	810	841	873	904	935	966	997	50
10	71 028	059	090	121	153	184	215	246	277	308	40
20	339	370	401	431	462	493	524	555	586	617	30
30	648	679	709	740	771	802	833	863	894	925	20
40	955	986	*017	*048	*078	*109	*140	*170	*201	*231	10
50	72 262	293	323	354	384	415	445	476	506	537	0
Tang. 28°					9,72 567				**Cot. 62°**		
0	72 567	598	628	659	689	720	750	780	811	841	50
10	872	902	932	963	993	*023	*054	*084	*114	*144	40
20	73 175	205	235	265	295	326	356	386	416	446	30
30	476	507	537	567	597	627	657	687	717	747	20
40	777	807	837	867	897	927	957	987	*017	*047	10
50	74 077	107	137	166	196	226	256	286	316	345	0
Tang. 29°					9,74 375				**Cot. 61°**		
0	74 375	405	435	465	494	524	554	585	613	643	50
10	673	702	732	762	791	821	851	880	910	939	40
20	969	998	*028	*058	*087	*117	*146	*176	*205	*235	30
30	75 264	294	323	353	382	411	441	470	500	529	20
40	558	588	617	647	676	705	735	764	793	822	10
50	852	881	910	939	969	998	*027	*056	*086	*115	0
Tang. 30°					9,76 144				**Cot. 60°**		
	10	9	8	7	6	5	4	3	2	1	

E

	0	1	2	3	4	5	6	7	8	9	
Sin. 30°					**9,69 897**				**Cos. 60°**		
0	69 897	919	941	963	984	*006	*028	*050	*072	*093	50
10	70 113	137	159	180	202	224	245	267	288	310	40
20	332	353	375	396	418	439	461	482	504	525	30
30	547	568	590	611	633	654	675	697	718	739	20
40	761	782	803	824	846	867	888	909	931	952	10
50	973	994	*015	*036	*058	*079	*100	*121	*142	*163	0
Sin. 31°					**9,71 184**				**Cos. 59°**		
0	71 184	205	226	247	268	289	310	331	352	373	50
10	393	414	435	456	477	498	519	539	560	581	40
20	602	622	643	664	685	705	726	747	767	788	30
30	809	829	850	870	891	911	932	952	973	994	20
40	72 014	034	055	075	096	116	137	157	177	198	10
50	218	238	259	279	299	320	340	360	381	401	0
Sin. 32°					**9,72 421**				**Cos. 58°**		
0	72 421	441	461	482	502	522	542	562	582	602	50
10	622	643	663	683	703	723	743	763	783	803	40
20	823	843	863	883	902	922	942	962	982	*002	30
30	73 022	041	061	081	101	121	140	160	180	200	20
40	219	239	259	278	298	318	337	357	377	396	10
50	416	435	455	474	494	513	533	552	572	591	0
Sin. 33°					**9,73 611**				**Cos. 57°**		
0	73 611	630	650	669	689	708	727	747	766	785	50
10	805	824	843	863	882	901	921	940	959	978	40
20	997	*017	*036	*055	*074	*093	*113	*132	*151	*170	30
30	74 189	208	227	246	265	284	303	322	341	360	20
40	379	398	417	436	455	474	493	512	531	549	10
50	568	587	606	625	644	662	681	700	719	737	0
Sin. 34°					**9,74 756**				**Cos. 56°**		
0	74 756	775	794	812	831	850	868	887	906	924	50
10	943	961	980	999	*017	*036	*054	*073	*091	*110	40
20	75 128	147	165	184	202	221	239	258	276	294	30
30	313	331	350	368	386	405	423	441	459	478	20
40	496	514	533	551	569	587	605	624	642	660	10
50	678	696	714	733	751	769	787	805	823	841	0
Sin. 35°					**9,75 859**				**Cos. 55°**		
	10	9	8	7	6	5	4	3	2	1	

	0	1	2	3	4	5	6	7	8	9	

Tang. 50° — 9,76 144 — Cot. 60°

	0	1	2	3	4	5	6	7	8	9	
0	76 144	173	202	231	261	290	319	348	377	406	50
10	455	464	493	522	551	580	609	639	668	697	40
20	725	754	783	812	841	870	899	928	957	986	30
30	77 015	044	073	101	130	159	188	217	246	274	20
40	303	332	361	390	418	447	476	505	533	562	10
50	591	619	648	677	706	734	763	791	820	849	0

Tang. 51° — 9,77 877 — Cot. 59°

	0	1	2	3	4	5	6	7	8	9	
0	77 877	906	935	963	992	*020	*049	*077	*106	*135	50
10	78 163	192	220	249	277	306	334	363	391	419	40
20	448	476	505	533	562	590	618	647	675	704	30
30	732	760	789	817	845	874	902	930	959	987	20
40	79 015	043	072	100	128	156	185	213	241	269	10
50	297	326	354	382	410	438	466	495	523	551	0

Tang. 52° — 9,79 579 — Cot. 58°

	0	1	2	3	4	5	6	7	8	9	
0	79 579	607	635	663	691	719	747	776	804	832	50
10	860	888	916	944	972	*000	*028	*056	*084	*112	40
20	80 140	164	195	223	251	279	307	335	363	391	30
30	419	447	474	502	530	558	586	614	642	669	20
40	697	725	753	781	808	836	864	892	919	947	10
50	975	*003	*030	*058	*086	113	*141	*169	*196	*224	0

Tang. 53° — 9,81 252 — Cot. 57°

	0	1	2	3	4	5	6	7	8	9	
0	81 252	279	307	335	362	390	418	445	473	500	50
10	528	556	583	611	638	666	693	721	748	776	40
20	803	831	858	886	913	941	968	996	*023	*051	30
30	82 078	106	133	161	188	215	243	270	298	325	20
40	352	380	407	435	462	489	517	544	571	599	10
50	626	653	681	708	735	762	790	817	844	871	0

Tang. 54° — 9,82 899 — Cot. 56°

	0	1	2	3	4	5	6	7	8	9	
0	82 899	926	953	980	*008	*035	*062	*089	*117	*144	50
10	83 171	198	225	252	280	307	334	361	388	415	40
20	442	470	497	524	551	578	605	632	659	686	30
30	713	740	768	795	822	849	876	903	930	957	20
40	984	*011	*038	*065	*092	*119	*146	*173	*200	*227	10
50	84 234	280	307	334	361	388	415	442	469	496	0

Tang. 55° — 9,84 523 — Cot. 55°

	10	9	8	7	6	5	4	3	2	1	

	0	1	2	3	4	5	6	7	8	9	
Sin. 35°				9,75 859					Cos. 55°		
0	75 859	877	895	913	931	949	967	985	*003	*121	50
10	76 039	057	075	093	111	129	146	164	182	200	40
20	218	236	253	271	289	307	324	342	360	378	30
30	395	413	431	448	466	484	501	519	537	554	20
40	572	590	607	625	642	660	677	695	712	730	10
50	747	765	782	800	817	835	852	870	887	904	0
Sin. 36°				9,76 922					Cos. 54°		
0	76 922	939	957	874	991	*009	*026	*045	*061	*078	50
10	77 095	112	130	147	164	181	199	216	233	250	40
20	268	285	302	319	336	353	370	387	405	422	30
30	439	456	473	490	507	524	541	558	575	592	20
40	609	626	643	660	677	694	711	728	744	761	10
50	778	795	812	829	846	862	879	896	913	930	0
Sin. 37°				9,77 946					Cos. 53°		
0	77 946	963	980	997	*013	*030	*047	*063	*080	*097	50
10	78 113	130	147	163	180	197	213	230	246	263	40
20	280	296	313	329	346	362	379	395	412	428	30
30	445	461	478	494	510	527	543	560	576	592	20
40	609	625	642	658	674	691	707	723	739	756	10
50	772	788	805	821	837	853	869	886	902	918	0
Sin. 38°				9,78 954					Cos. 52°		
0	78 934	950	967	983	999	*015	*031	*047	*063	*079	50
10	79 095	111	128	144	160	176	192	208	224	240	40
20	256	272	288	304	319	335	351	367	383	399	30
30	415	431	447	463	478	494	510	526	542	558	20
40	573	589	605	621	636	652	668	684	699	715	10
50	731	746	762	778	793	809	825	840	856	872	0
Sin. 39°				9,79 887					Cos. 51°		
0	79 887	903	918	934	950	965	981	996	*012	*027	50
10	80 043	058	074	089	105	120	136	151	166	182	40
20	197	213	228	244	259	274	290	305	320	336	30
30	351	366	382	397	412	428	443	458	473	489	20
40	504	519	534	550	565	580	595	610	625	641	10
50	656	671	686	701	716	731	746	762	777	792	0
Sin. 40°				9,80 807					Cos. 50°		
	10	9	8	7	6	5	4	3	2	1	

	0	1	2	3	4	5	6	7	8	9	
Tang. 35°					9,84 523				**Cot. 55°**		
0	84 523	550	576	603	630	657	684	711	738	764	50
10	791	818	845	872	899	925	952	979	*006	*033	40
20	85 059	086	113	140	166	193	220	247	273	300	30
30	327	354	380	407	434	460	487	514	540	567	20
40	594	620	647	674	700	727	754	780	807	834	10
50	860	887	913	940	967	993	*020	*046	*073	*100	0
Tang. 36°					9,86 126				**Cot. 54°**		
0	86 126	153	179	206	232	259	285	312	338	365	50
10	392	418	445	471	498	524	551	577	603	630	40
20	656	683	709	736	762	789	815	842	868	894	30
30	921	947	974	*000	*027	*053	*079	*106	*132	*158	20
40	87 185	211	238	264	290	317	343	369	396	422	10
50	448	475	501	527	554	580	606	633	659	685	0
Tang. 37°					9,87 711				**Cot. 53°**		
0	87 711	738	764	790	817	843	869	895	922	948	50
10	974	*000	*027	*053	*079	*105	*131	*158	*184	*210	40
20	88 236	262	289	315	341	367	393	420	446	472	30
30	498	524	550	577	603	629	655	681	707	733	20
40	759	786	812	838	864	890	916	942	968	994	10
50	89 020	046	073	099	125	151	177	203	229	255	0
Tang. 38°					9,89 281				**Cot. 52°**		
0	89 281	307	333	359	385	411	437	463	489	515	50
10	541	567	593	619	645	671	697	723	749	775	40
20	801	826	853	879	905	931	957	983	*009	*035	30
30	90 061	086	112	138	164	190	216	242	268	294	20
40	326	346	371	397	423	449	475	501	527	553	10
50	578	604	630	656	682	708	734	759	785	811	0
Tang. 39°					9,90 837				**Cot. 51°**		
0	90 837	863	889	914	940	966	992	*018	*043	*069	50
10	91 095	121	147	172	198	224	250	276	301	327	40
20	353	379	404	430	456	482	507	533	559	585	30
30	610	636	662	688	713	739	765	791	816	842	20
40	868	893	919	945	971	996	*022	*048	*073	*099	10
50	92 125	150	176	202	227	253	279	304	330	356	0
Tang. 40°					9,92 381				**Cot. 50°**		
	10	9	8	7	6	5	4	3	2	1	

E

		0	1	2	3	4	5	6	7	8	9	
Sin. 40°						9,80	807			Cos. 50°		
0	80	807	822	837	852	867	882	897	912	927	942	50
10		957	972	987	*002	*017	*032	*047	*061	*076	*091	40
20	81	106	121	136	151	166	180	195	210	225	240	30
30		254	269	284	299	314	328	343	358	372	387	20
40		402	417	431	446	461	475	490	505	519	534	10
50		549	563	578	592	607	622	636	651	665	680	0
Sin. 41°						9,81	694			Cos. 49°		
0	81	694	709	723	738	752	767	781	796	810	825	50
10		839	854	868	882	897	911	926	940	955	969	40
20		983	998	*012	*026	*041	*055	*069	*084	*098	*112	30
30	82	126	141	155	169	184	198	212	226	240	255	20
40		269	283	297	311	326	340	354	368	382	396	10
50		410	424	439	453	467	481	495	509	523	537	0
Sin. 42°						9,82	551			Cos. 48°		
0	82	551	565	579	593	607	621	635	649	663	677	50
10		691	705	719	733	747	761	775	788	802	816	40
20		830	844	858	872	885	899	913	927	941	955	30
30		968	982	996	*010	*023	*037	*051	*065	*078	*092	20
40	83	106	120	133	147	161	174	188	202	215	229	10
50		242	256	270	283	297	310	324	338	351	365	0
Sin. 43°						9,83	378			Cos. 47°		
0	83	378	392	405	419	432	446	459	473	486	500	50
10		513	527	540	554	567	581	594	608	621	634	40
20		648	661	674	688	701	715	728	741	755	768	30
30		781	795	808	821	834	848	861	874	887	901	20
40		914	927	940	954	967	980	993	*006	*020	*033	10
50	84	046	059	072	085	098	112	125	138	151	164	0
Sin. 44°						9,84	177			Cos. 46°		
0	84	177	190	203	216	229	242	255	269	282	295	50
10		308	321	334	347	360	373	385	398	411	424	40
20		437	450	463	476	489	602	515	528	540	553	30
30		566	579	592	605	618	830	643	336	669	682	20
40		694	707	720	733	745	758	771	784	796	809	10
50		822	835	847	860	873	885	898	911	923	936	0
Sin. 45°						9,84	919			Cos. 45°		
		10	9	8	7	6	5	4	3	2	1	

	0	1	2	3	4	5	6	7	8	9	
Tang. 40°					9,92 381				**Cot. 50°**		
0	92 381	407	433	458	484	510	535	561	587	612	50
10	638	663	689	715	740	766	792	817	843	868	40
20	894	920	945	971	996	*022	*048	*073	*099	*124	30
30	93 150	175	201	227	252	278	503	329	354	380	20
40	406	431	457	482	508	533	559	584	610	636	10
50	661	687	712	738	763	789	814	840	865	891	0

	0	1	2	3	4	5	6	7	8	9	
Tang. 41°					9,93 916				**Cot. 49°**		
0	93 916	942	967	993	*018	*044	*069	*095	*120	*146	50
10	94 171	197	222	248	273	299	324	350	375	401	40
20	426	452	477	503	528	554	579	604	630	655	30
30	681	706	752	757	783	808	834	859	884	910	20
40	935	961	986	*012	*037	*062	*088	*113	*139	*164	10
50	95 190	215	240	266	291	317	342	368	393	418	0

	0	1	2	3	4	5	6	7	8	9	
Tang. 42°					9,95 444				**Cot. 48°**		
0	95 444	469	495	520	545	571	596	622	647	672	50
10	698	723	748	774	799	825	850	875	901	926	40
20	952	977	*002	*028	*053	*078	*104	*129	*155	*180	30
30	96 205	231	256	281	307	332	357	383	408	433	20
40	459	484	510	535	560	586	611	636	662	687	10
50	712	738	763	788	814	839	864	890	915	940	0

	0	1	2	3	4	5	6	7	8	9	
Tang. 43°					9,96 966				**Cot. 47°**		
0	96 966	991	*016	*042	*067	*092	*118	*143	*168	*193	50
10	97 219	244	269	295	320	345	571	396	421	447	40
20	472	497	523	548	573	598	624	649	674	700	30
30	725	750	776	801	826	851	877	902	927	953	20
40	978	*003	*029	*054	*079	*104	*130	*155	*180	*206	10
50	98 231	256	281	307	332	357	383	408	433	458	0

	0	1	2	3	4	5	6	7	8	9	
Tang. 44°					9,98 484				**Cot. 46°**		
0	98 484	509	534	560	585	610	635	661	686	711	50
10	737	762	787	812	838	863	888	913	939	964	40
20	989	*015	*040	*065	*090	*116	*141	*166	*191	*217	30
30	99 242	267	293	318	343	368	394	419	444	469	20
40	495	520	545	570	596	621	646	672	697	722	10
50	747	773	798	823	848	874	899	924	949	975	0

Tang. 45°					10,00 000				**Cot. 45°**		
	10	9	8	7	6	5	4	3	2	1	

E2

	0	1	2	3	4	5	6	7	8	9	
Sin. 45°					9,84 949				**Cos. 45°**		
0	84 949	961	974	986	999	*012	*024	*037	*049	*062	50
10	85 074	087	100	112	125	137	150	162	175	187	40
20	200	212	225	237	250	262	274	287	299	312	30
30	324	337	349	361	374	386	399	411	423	436	20
40	448	460	473	485	497	510	522	534	547	559	10
50	571	583	596	608	620	632	645	657	669	681	0
Sin. 46°					9,85 693				**Cos. 44°**		
0	85 693	706	718	730	742	754	766	779	791	803	50
10	815	827	839	851	864	876	888	900	912	924	40
20	936	948	960	972	984	996	*008	*020	*032	*044	30
30	86 056	068	080	092	104	116	128	140	152	164	20
40	176	188	200	211	223	235	247	259	271	283	10
50	295	306	318	330	342	354	366	377	389	401	0
Sin. 47°					9,86 413				**Cos. 43°**		
0	86 413	425	436	448	460	472	483	495	507	518	50
10	530	542	554	565	577	589	600	612	624	635	40
20	647	659	670	682	694	703	717	728	740	752	30
30	763	775	786	798	809	821	832	844	855	867	20
40	879	890	902	913	924	936	947	959	970	982	10
50	993	*005	*016	*028	*039	*050	*062	*073	*085	*096	0
Sin. 48°					9,87 107				**Cos. 42°**		
0	87 107	119	130	141	153	164	175	187	198	209	50
10	221	232	243	255	266	277	288	300	311	322	40
20	334	345	356	367	378	390	401	412	423	434	30
30	446	457	468	479	490	501	513	524	535	546	20
40	557	568	579	590	601	613	624	635	646	657	10
50	668	679	690	701	712	723	734	745	756	767	0
Sin. 49°					9,87 778				**Cos. 41°**		
0	87 778	789	800	811	822	833	844	855	866	877	50
10	887	898	909	920	931	942	953	964	975	985	40
20	996	*007	*018	*029	*040	*051	*061	*072	*083	*094	30
30	88 105	115	126	137	148	158	169	180	191	201	20
40	212	223	234	244	255	266	276	287	298	308	10
50	319	330	340	351	362	372	383	394	404	415	0
Sin. 50°					9,88 425				**Cos. 40°**		
	10	9	8	7	6	5	4	3	2	1	

	0	1	2	3	4	5	6	7	8	9	

Tang. 45° 10,00 000 **Cot. 45°**

	0	1	2	3	4	5	6	7	8	9	
0	00 000	025	051	076	101	126	152	177	202	227	50
10	253	278	303	328	354	379	404	430	455	480	40
20	505	531	556	581	606	632	657	682	707	733	30
30	758	783	809	834	859	884	910	935	960	985	20
40	01 011	036	061	087	112	137	162	188	213	238	10
50	263	289	314	339	365	390	415	440	466	491	0

Tang. 46° 10,01 516 **Cot. 44°**

	0	1	2	3	4	5	6	7	8	9	
0	01 516	542	567	592	517	643	668	693	719	744	50
10	769	794	820	845	870	896	921	946	971	997	40
20	02 022	047	073	098	123	149	174	199	224	250	30
30	275	300	326	351	376	402	427	452	477	503	20
40	528	553	579	604	629	655	680	705	731	756	10
50	781	807	832	857	882	908	933	958	984	*009	0

Tang. 47° 10,03 034 **Cot. 43°**

	0	1	2	3	4	5	6	7	8	9	
0	03 034	060	085	110	136	161	186	212	237	262	50
10	288	313	338	364	389	414	440	465	490	516	40
20	541	567	592	617	643	668	693	719	744	769	30
30	795	820	845	871	896	922	947	972	998	*023	20
40	04 048	074	099	125	150	175	201	226	252	277	10
50	302	528	353	378	404	429	455	480	505	531	0

Tang. 48° 10,04 556 **Cot. 42°**

	0	1	2	3	4	5	6	7	8	9	
0	04 556	582	607	632	658	683	709	734	760	785	50
10	810	836	861	887	912	938	963	988	*014	*039	40
20	05 065	090	116	141	166	192	217	243	268	294	30
30	319	345	370	396	421	446	472	497	523	548	20
40	574	599	625	650	676	701	727	752	778	803	10
50	829	854	880	905	931	956	982	*007	*033	*058	0

Tang. 49° 10,06 084 **Cot. 41°**

	0	1	2	3	4	5	6	7	8	9	
0	06 084	109	135	160	186	211	237	262	288	313	50
10	339	364	390	416	441	467	492	518	543	569	40
20	594	620	646	671	697	722	748	773	799	825	30
30	850	876	901	927	952	978	*004	*029	*055	*080	20
40	07 106	132	157	183	208	234	260	285	311	337	10
50	362	388	413	439	465	490	516	542	567	593	0

Tang. 50° 10,07 619 **Cot. 40°**

	10	9	8	7	6	5	4	3	2	1	

	0	1	2	3	4	5	6	7	8	9	
Sin. 50°					9,88 425				**Cos. 40°**		
0	88 425	436	447	457	468	478	489	499	510	521	50
10	531	542	552	563	573	584	594	605	615	626	40
20	636	647	657	668	678	688	699	709	720	730	30
30	741	751	761	772	782	793	803	813	824	834	20
40	844	855	865	875	886	896	906	917	927	937	10
50	948	958	968	978	989	999	*009	*020	*030	*040	0
Sin. 51°					9,89 050				**Cos. 39°**		
0	89 050	060	071	081	091	101	112	122	132	142	50
10	152	162	173	183	193	203	213	223	233	244	40
20	254	264	274	284	294	304	314	324	334	344	30
30	354	364	375	385	395	405	415	425	435	445	20
40	455	465	475	485	495	504	514	524	534	544	10
50	554	564	574	584	594	604	614	624	633	643	0
Sin. 52°					9,89 653				**Cos. 38°**		
0	89 653	663	673	683	693	702	712	722	732	742	50
10	752	761	771	781	791	801	810	820	830	840	40
20	849	859	869	879	888	898	908	918	927	937	30
30	947	956	966	976	985	995	*005	*014	*024	*034	20
40	90 043	053	063	072	082	091	101	111	120	130	10
50	139	149	159	168	178	187	197	206	216	225	0
Sin. 53°					9,90 235				**Cos. 37°**		
0	90 235	244	254	263	273	282	292	301	311	320	50
10	330	339	349	358	368	377	586	396	405	415	40
20	424	434	443	452	462	471	480	490	499	509	30
30	518	527	537	546	555	565	574	583	592	602	20
40	611	620	630	639	648	657	667	676	685	694	10
50	704	713	722	731	741	750	759	768	777	787	0
Sin. 54°					9,90 796				**Cos. 36°**		
0	90 796	805	814	823	832	842	851	860	869	878	50
10	887	896	906	915	924	933	942	951	960	969	40
20	978	987	996	*005	*014	*023	*033	*042	*051	*060	30
30	91 069	078	087	096	105	114	123	132	141	149	20
40	158	167	176	185	194	203	212	221	230	239	10
50	248	257	266	274	283	292	501	310	319	528	0
Sin. 55°					9,91 336				**Cos. 35°**		
	10	9	8	7	6	5	4	3	2	1	

	0	1	2	3	4	5	6	7	8	9	

Tang. 50°   10,07 619   Cot. 40°

	0	1	2	3	4	5	6	7	8	9	
0	07 619	644	670	696	721	747	773	798	824	850	50
10	875	901	927	952	978	*004	*029	*055	*081	*107	40
20	08 132	158	184	209	235	261	587	312	338	364	30
30	390	415	441	467	493	518	544	570	596	621	20
40	647	673	699	724	750	776	802	828	853	879	10
50	905	931	957	982	*008	*034	*060	*086	*111	*137	0

Tang. 51°   10,09 163   Cot. 39°

	0	1	2	3	4	5	6	7	8	9	
0	09 163	189	215	241	266	292	318	344	370	396	50
10	422	447	473	499	525	551	577	603	629	654	40
20	680	706	732	758	784	810	836	862	888	914	30
30	939	965	991	*017	*043	*069	*095	*121	*147	*173	20
40	10 199	225	251	277	303	329	355	381	407	433	10
50	459	485	511	537	563	589	615	641	667	693	0

Tang. 52°   10,10 719   Cot. 38°

	0	1	2	3	4	5	6	7	8	9	
0	10 719	745	771	797	823	849	875	901	927	954	50
10	980	*006	*032	*058	*084	*110	*156	*162	*188	*214	40
20	11 241	267	293	319	345	371	397	423	450	476	30
30	502	528	554	580	607	633	659	685	711	738	20
40	764	790	816	842	869	895	921	947	973	*000	10
50	12 026	052	078	105	131	157	183	210	236	262	0

Tang. 53°   10,12 289   Cot. 37°

	0	1	2	3	4	5	6	7	8	9	
0	12 289	315	341	367	394	420	446	473	499	525	50
10	552	578	604	631	657	683	710	736	762	789	40
20	815	842	868	894	921	947	973	*000	*026	*053	30
30	13 079	106	132	158	185	211	238	264	291	317	20
40	344	370	397	423	449	476	502	529	555	582	10
50	608	635	662	688	715	741	768	794	821	847	0

Tang. 54°   10,13 874   Cot. 36°

	0	1	2	3	4	5	6	7	8	9	
0	13 874	900	927	954	980	*007	*033	*060	*087	*113	50
10	14 140	166	193	220	246	273	300	326	353	380	40
20	406	453	460	486	513	540	566	593	620	646	30
30	673	700	727	753	780	807	834	860	887	914	20
40	941	967	994	*021	*048	*075	*101	*128	*155	*182	10
50	15 209	236	262	289	316	343	370	397	424	450	0

Tang. 55°   10,15 477   Cot. 35°

	10	9	8	7	6	5	4	3	2	1	

	0	1	2	3	4	5	6	7	8	9	
Sin. 55°					9,91 336				Cos. 35°		
0	91 336	345	354	363	372	381	389	398	407	416	50
10	425	433	442	451	460	469	477	486	495	504	40
20	512	521	530	538	547	556	565	573	582	591	30
30	599	608	617	625	634	643	651	660	669	677	20
40	686	695	703	712	720	729	738	746	755	763	10
50	772	781	789	798	806	815	823	832	840	849	0
Sin. 56°					9,91 857				Cos. 34°		
0	91 857	866	874	883	891	900	908	917	925	934	50
10	942	951	959	968	976	985	993	*002	*010	*018	40
20	92 027	035	044	052	060	069	077	086	094	102	30
30	111	119	127	136	144	152	161	169	177	186	20
40	194	202	211	219	227	235	244	252	260	269	10
50	277	285	293	302	310	318	326	335	343	351	0
Sin. 57°					9,92 359				Cos. 33°		
0	92 359	367	376	384	392	400	408	416	425	433	50
10	441	449	457	465	473	482	490	498	506	514	40
20	522	530	538	546	555	563	571	579	587	595	30
30	603	611	619	627	635	643	651	659	667	675	20
40	685	691	699	707	715	723	731	739	747	755	10
50	763	771	779	787	795	803	810	818	826	834	0
Sin. 58°					9,92 842				Cos. 32°		
0	92 842	850	858	866	874	881	889	897	905	913	50
10	921	929	936	944	952	960	968	976	983	991	40
20	999	*007	*014	*022	*030	*038	*046	*053	*061	*069	30
30	93 077	084	092	100	108	115	123	131	138	146	20
40	154	161	169	177	184	192	200	207	215	223	10
50	230	238	246	253	261	269	276	284	291	299	0
Sin. 59°					9,93 307				Cos. 31°		
0	93 307	314	322	329	337	344	352	360	367	375	50
10	382	390	397	405	412	420	427	435	442	450	40
20	457	465	472	480	487	495	502	510	517	525	30
30	532	539	547	554	562	569	577	584	591	599	20
40	606	614	621	628	636	643	650	658	665	673	10
50	680	687	695	702	709	717	724	731	738	746	0
Sin. 60°					9,93 753				Cos. 30°		
	10	9	8	7	6	5	4	3	2	1	

	0	1	2	3	4	5	6	7	8	9	
Tang. 55°				10,15 477					**Cot. 35°**		
0	15 477	504	531	558	585	612	639	666	693	720	50
10	746	773	800	827	854	881	908	935	962	989	40
20	16 016	043	070	097	124	151	178	205	232	260	30
30	287	314	341	368	395	422	449	476	503	530	20
40	558	585	612	639	666	695	720	748	775	802	10
50	829	856	883	911	938	965	992	*020	*047	*074	0
Tang. 56°				10,17 101					**Cot. 34°**		
0	17 101	129	156	185	210	238	265	292	319	347	50
10	374	401	429	456	483	511	538	565	593	620	40
20	648	675	702	730	757	785	812	839	867	894	30
30	922	949	977	*001	*032	*059	*087	*114	*142	*169	20
40	18 197	224	252	279	507	334	362	389	417	444	10
50	472	500	527	555	582	610	638	665	693	721	0
Tang. 57°				10,18 748					**Cot. 33°**		
0	18 748	776	804	831	859	887	914	942	970	997	50
10	19 025	053	081	108	136	164	192	219	247	275	40
20	303	331	358	386	414	442	470	498	526	553	30
30	581	609	637	665	693	721	749	777	805	832	20
40	860	888	916	944	972	*000	*028	*056	*084	*112	10
50	20 140	168	196	224	253	281	309	337	365	393	0
Tang. 58°				10,20 421					**Cot. 32°**		
0	20 421	449	477	505	534	562	590	618	646	674	50
10	703	731	759	787	815	844	872	900	928	957	40
20	985	*013	*041	*070	*098	*126	*155	*183	*211	*240	30
30	21 268	296	325	353	382	410	438	467	495	524	20
40	552	581	609	637	666	694	723	751	780	808	10
50	837	865	894	923	951	980	*008	*037	*065	*094	0
Tang. 59°				10,22 123					**Cot. 31°**		
0	22 123	151	180	209	237	266	294	323	352	381	50
10	409	438	467	495	524	553	582	610	639	668	40
20	697	726	754	783	812	841	870	899	927	956	30
30	985	*014	*043	*072	*101	*130	*159	*188	*217	*246	20
40	23 275	303	332	361	391	420	449	478	507	536	10
50	565	594	623	652	681	710	739	769	798	827	0
Tang. 60°				10,23 856					**Cot. 30°**		
	10	9	8	7	6	5	4	3	2	1	

F

	0	1	2	3	4	5	6	7	8	9	
Sin. 60°					**9,93 753**					**Cos. 30°**	
0	93 753	760	768	775	782	789	797	804	811	819	50
10	826	833	840	847	855	862	869	876	884	891	40
20	898	905	912	920	927	934	941	948	955	963	30
30	970	977	984	991	998	*005	*012	*020	*027	*034	20
40	94 041	048	055	062	069	076	083	090	098	105	10
50	112	119	126	133	140	147	154	161	168	175	0
Sin. 61°					**9,94 182**					**Cos. 29°**	
0	94 182	189	196	203	210	217	224	231	238	245	50
10	252	259	266	273	279	286	293	300	307	314	40
20	321	328	334	342	349	355	362	369	376	383	30
30	390	397	404	410	417	424	431	438	445	451	20
40	458	465	472	479	485	492	499	506	513	519	10
50	526	533	540	546	553	560	567	573	580	587	0
Sin. 62°					**9,94 593**					**Cos. 28°**	
0	94 593	600	607	614	620	627	634	640	647	654	50
10	660	667	674	680	687	694	700	707	714	720	40
20	727	734	740	747	753	760	767	773	780	786	30
30	793	799	806	813	819	826	832	839	845	852	20
40	858	865	871	878	885	891	898	904	911	917	10
50	923	930	936	943	949	956	962	969	975	982	0
Sin. 63°					**9,94 988**					**Cos. 27°**	
0	94 988	995	*001	*007	*014	*020	*027	*033	*039	*046	50
10	95 052	059	065	071	078	084	090	097	103	110	40
20	116	122	129	135	141	148	154	160	167	173	30
30	179	185	192	198	204	211	217	223	229	236	20
40	242	248	254	261	267	273	279	286	292	298	10
50	304	310	317	323	329	335	341	348	354	360	0
Sin. 64°					**9,95 366**					**Cos. 26°**	
0	95 366	372	378	384	391	397	403	409	415	421	50
10	427	434	440	446	452	458	464	470	476	482	40
20	488	494	500	507	513	519	525	531	537	543	30
30	549	555	561	567	573	579	585	591	597	603	20
40	609	615	621	627	633	639	645	651	657	663	10
50	668	674	680	686	692	698	704	710	716	722	0
Sin. 65°					**9,95 728**					**Cos. 25°**	
	10	9	8	7	6	5	4	3	2	1	

	0	1	2	3	4	5	6	7	8	9	

Tang. 60°   10,23 856   Cot. 30°

	0	1	2	3	4	5	6	7	8	9	
0	23.856	885	914	944	973	*002	*031	*061	*090	*119	50
10	24.148	178	207	236	265	295	324	353	383	412	40
20	.442	471	500	530	559	589	618	647	677	706	30
30	.756	765	795	824	854	883	913	942	972	*002	20
40	25.031	061	090	120	149	179	209	238	268	298	10
50	.327	357	387	417	446	476	506	535	565	595	0

Tang. 61°   10,25 625   Cot. 29°

	0	1	2	3	4	5	6	7	8	9	
0	25.625	655	684	714	744	774	804	834	864	893	50
10	.923	953	983	*013	*043	*073	*103	*133	*163	*193	40
20	26.223	253	283	313	343	373	403	433	463	495	30
30	.524	554	584	614	644	674	705	735	765	795	20
40	.825	856	889	916	946	977	*007	*037	*068	*098	10
50	27.128	159	189	220	250	280	311	341	372	402	0

Tang. 62°   10,27 433   Cot. 28°

	0	1	2	3	4	5	6	7	8	9	
0	27.433	463	494	524	555	585	616	646	677	707	50
10	.738	769	799	830	860	891	922	952	983	*014	40
20	28.045	075	106	137	167	198	229	260	291	321	30
30	.352	383	414	445	476	507	538	569	599	630	20
40	.661	692	723	754	785	816	847	979	910	941	10
50	.972	*003	*034	*065	*196	*127	*159	*190	*221	*252	0

Tang. 63°   10,29 283   Cot. 27°

	0	1	2	3	4	5	6	7	8	9	
0	29.283	315	346	377	408	440	471	502	534	565	50
10	.596	628	659	691	722	753	785	816	848	879	40
20	.911	942	974	*005	*037	*068	*100	*132	*163	*195	30
30	30.226	258	290	321	353	385	416	448	480	512	20
40	.543	575	607	639	671	702	734	766	798	830	10
50	.862	894	926	958	990	*022	*054	*086	*118	*150	0

Tang. 64°   10,31 182   Cot. 26°

	0	1	2	3	4	5	6	7	8	9	
0	31.182	214	246	278	310	342	374	407	439	471	50
10	.503	535	568	600	632	664	697	729	761	794	40
20	.826	858	891	923	956	988	*020	*053	*085	*118	30
30	32.150	183	215	248	281	313	346	378	411	444	20
40	.476	509	542	574	607	640	673	705	738	771	10
50	.804	837	869	902	935	968	*001	*034	*067	*100	0

Tang. 65°   10,33 133   Cot. 25°

	10	9	8	7	6	5	4	3	2	1	

F2

	0	1	2	3	4	5	6	7	8	9	
Sin. 65°				9,95 728					**Cos. 25°**		
0	95 728	733	739	743	751	757	763	769	775	780	50
10	786	792	798	804	810	815	821	827	833	839	40
20	844	850	856	862	868	873	879	885	891	897	30
30	902	908	914	920	925	931	937	942	948	954	20
40	960	965	971	977	982	988	994	*000	*005	*011	10
50	96 017	022	028	034	039	045	050	056	062	067	0
Sin. 66°				9,96 073					**Cos. 24°**		
0	96 073	079	084	090	095	101	107	112	118	123	50
10	129	135	140	146	151	157	162	168	174	179	40
20	185	190	196	201	207	212	218	223	229	234	30
30	240	245	251	256	262	267	273	278	284	289	20
40	294	300	305	311	316	322	327	333	338	343	10
50	349	354	360	365	370	376	381	387	392	397	0
Sin. 67°				9,96 403					**Cos. 23°**		
0	96 403	408	413	419	424	429	435	440	445	451	50
10	456	461	467	472	477	483	488	493	498	504	40
20	509	514	520	525	530	535	541	546	551	556	30
30	562	567	572	577	582	588	593	598	603	608	20
40	614	619	624	629	634	640	645	650	655	660	10
50	665	670	676	681	686	691	696	701	706	711	0
Sin. 68°				9,96 717					**Cos. 22°**		
0	96 717	722	727	732	737	742	747	752	757	762	50
10	767	772	778	783	788	793	798	803	808	813	40
20	818	823	828	833	838	843	848	853	858	863	30
30	868	873	878	883	888	893	898	903	907	912	20
40	917	922	927	932	937	942	947	952	957	962	10
50	966	971	976	981	986	991	996	*001	*005	*010	0
Sin. 69°				9,97 015					**Cos. 21°**		
0	97 015	020	025	030	035	039	044	049	054	059	50
10	063	068	073	078	083	087	092	097	102	107	40
20	111	116	121	126	130	135	140	145	149	154	30
30	159	163	168	173	178	182	187	192	196	201	20
40	206	210	215	220	224	229	234	238	243	248	10
50	252	257	262	266	271	276	280	285	289	294	0
Sin. 70°				9,97 299					**Cos. 20°**		
	10	9	8	7	6	5	4	3	2	1	

	0	1	2	3	4	5	6	7	8	9	

Tang. 65°   10,33 133   Cot. 25°

	0	1	2	3	4	5	6	7	8	9	
0	33 133	166	199	232	265	298	331	364	397	430	50
10	463	497	530	563	596	629	663	696	729	762	40
20	796	829	862	896	929	962	996	*029	*063	*096	30
30	34 130	165	197	230	264	297	331	364	398	432	20
40	465	499	533	566	600	634	667	701	735	769	10
50	803	836	870	904	938	972	*006	*040	*074	*108	0

Tang. 66°   10,35 142   Cot. 24°

	0	1	2	3	4	5	6	7	8	9	
0	35 142	176	210	244	278	312	346	380	414	448	50
10	483	517	551	585	619	654	688	722	757	791	40
20	825	860	894	928	963	997	*032	*066	*101	*135	30
30	36 170	204	239	274	308	343	377	412	447	481	20
40	516	551	586	621	655	690	725	760	795	830	10
50	865	899	934	969	*004	*039	*074	*110	*145	*180	0

Tang. 67°   10,37 215   Cot. 23°

	0	1	2	3	4	5	6	7	8	9	
0	37 215	250	285	320	355	391	326	461	496	532	50
10	567	602	638	673	708	744	779	815	850	886	40
20	921	957	992	*028	*064	*099	*135	*170	*206	*242	30
30	38 278	313	349	385	421	456	492	528	564	600	20
40	636	672	708	744	780	816	852	888	924	960	10
50	996	*033	*069	*105	*141	*177	*214	*250	*286	*323	0

Tang. 68°   10,39 359   Cot. 22°

	0	1	2	3	4	5	6	7	8	9	
0	39 359	395	432	468	505	541	578	614	651	687	50
10	724	760	797	834	870	907	944	981	*017	*054	40
20	40 091	128	165	201	238	275	312	349	386	423	30
30	460	497	534	571	609	646	683	720	757	795	20
40	832	869	906	944	981	*019	*056	*093	*131	*168	10
50	41 206	243	281	319	356	394	431	469	507	545	0

Tang. 69°   10,41 582   Cot. 21°

	0	1	2	3	4	5	6	7	8	9	
0	41 582	620	658	696	733	771	809	847	885	925	50
10	961	999	*037	*075	*113	*151	*190	*228	*266	*304	40
20	42 342	381	419	457	496	534	572	611	649	688	30
30	726	765	803	842	880	919	958	996	*035	*074	20
40	43 113	151	190	228	268	307	346	385	424	463	10
50	502	541	580	619	658	697	736	776	815	854	0

Tang. 70°   10,43 893   Cot. 20°

	10	9	8	7	6	5	4	3	2	1	

F3

	0	1	2	3	4	5	6	7	8	9	

Sin. 70°   9,97 299   **Cos. 20°**

	0	1	2	3	4	5	6	7	8	9	
0	97 299	303	308	312	317	322	326	331	335	340	50
10	344	349	353	358	363	367	372	376	381	385	40
20	390	394	399	303	408	412	417	421	426	430	30
30	435	439	444	448	453	457	461	466	470	475	20
40	479	484	488	492	497	501	506	510	515	519	10
50	523	528	532	536	541	545	550	554	558	563	0

Sin. 71°   9,97 567   **Cos. 19°**

	0	1	2	3	4	5	6	7	8	9	
0	97 567	571	576	580	584	589	593	597	602	606	50
10	610	615	619	623	628	632	636	640	645	649	40
20	653	657	662	666	670	674	679	683	687	691	30
30	696	700	704	708	713	717	721	725	729	734	20
40	738	742	746	750	754	759	763	767	771	775	10
50	779	784	788	792	796	800	804	808	812	817	0

Sin. 72°   9,97 821   **Cos. 18°**

	0	1	2	3	4	5	6	7	8	9	
0	97 821	825	829	833	837	841	845	849	853	857	50
10	861	866	870	874	878	882	886	890	894	898	40
20	902	906	910	914	918	922	926	930	934	938	30
30	942	946	950	954	958	962	966	970	974	978	20
40	982	986	989	995	997	*001	*005	*009	*013	*017	10
50	98 021	025	029	032	036	040	044	048	052	056	0

Sin. 73°   9,98 060   **Cos. 17°**

	0	1	2	3	4	5	6	7	8	9	
0	98 060	063	067	071	075	079	083	087	090	094	50
10	098	102	106	110	113	117	121	125	129	132	40
20	136	140	144	147	151	155	159	162	166	170	30
30	174	177	181	185	189	192	196	200	204	207	20
40	211	215	218	222	226	229	233	237	240	244	10
50	248	251	255	259	262	266	270	273	277	281	0

Sin. 74°   9,98 284   **Cos. 16°**

	0	1	2	3	4	5	6	7	8	9	
0	98 284	288	291	295	299	302	306	309	313	317	50
10	320	324	327	331	334	338	342	345	349	352	40
20	356	359	363	366	370	373	377	381	384	388	30
30	391	395	398	402	405	409	412	415	419	422	20
40	426	429	433	436	440	443	447	450	453	457	10
50	460	464	467	471	474	477	481	484	488	491	0

Sin. 75°   9,98 494   **Cos. 15°**

	10	9	8	7	6	5	4	3	2	1	

	0	1	2	3	4	5	6	7	8	9	

Tang. 70° — 10,43 893 — **Cot. 20°**

	0	1	2	3	4	5	6	7	8	9	
0	43 895	933	972	*011	*051	*090	*130	*169	*209	*248	50
10	44 288	327	367	407	446	486	526	566	605	645	40
20	685	725	765	805	845	885	925	965	*005	*045	30
30	45 085	125	165	206	246	286	327	367	407	448	20
40	488	529	569	610	650	691	731	772	813	853	10
50	894	935	975	*016	*057	*098	*139	*180	*221	*262	0

Tang. 71° — 10,46 303 — **Cot. 19°**

	0	1	2	3	4	5	6	7	8	9	
0	46 303	344	385	426	467	508	550	591	632	673	50
10	715	756	798	839	880	922	963	*005	*047	*088	40
20	47 130	171	213	255	297	339	380	422	464	506	30
30	548	590	632	674	716	758	800	843	885	927	20
40	969	012	*054	*097	*139	*181	*224	*266	*309	*352	10
50	48 394	437	480	522	565	608	651	694	736	779	0

Tang. 72° — 10,48 822 — **Cot. 18°**

	0	1	2	3	4	5	6	7	8	9	
0	48 822	865	908	952	995	*038	*081	*124	*167	*211	50
10	49 254	297	341	384	428	471	515	558	602	645	40
20	689	733	777	820	864	908	952	996	*040	*084	30
30	50 128	172	216	260	304	348	393	437	481	526	20
40	570	615	659	704	748	793	837	882	927	971	10
50	51 016	061	106	151	196	241	286	331	376	421	0

Tang. 73° — 10,51 466 — **Cot. 17°**

	0	1	2	3	4	5	6	7	8	9	
0	51 466	511	557	602	647	693	738	783	829	874	50
10	920	965	*011	*057	*103	*148	*194	*240	*286	*332	40
20	52 378	424	470	516	562	608	654	701	747	793	30
30	840	886	932	979	*025	*072	*119	*165	*212	*259	20
40	53 306	352	399	446	493	540	587	634	681	729	10
50	776	823	870	918	965	*013	*060	*108	*155	*203	0

Tang. 74° — 10,54 250 — **Cot. 16°**

	0	1	2	3	4	5	6	7	8	9	
0	54 250	298	346	394	441	489	537	585	633	681	50
10	729	778	826	874	922	971	*019	*067	*116	164	40
20	55 213	262	310	359	408	456	505	554	603	652	30
30	701	750	799	849	898	947	996	*046	*095	*145	20
40	56 194	244	293	343	393	442	492	542	592	642	10
50	692	742	792	842	892	943	993	*043	*094	*144	0

Tang. 75° — 10,57 195 — **Cot. 15°**

	10	9	8	7	6	5	4	3	2	1	

	0	1	2	3	4	5	6	7	8	9	

Sin. 75°   9,98 494   Cos. 15°

	0	1	2	3	4	5	6	7	8	9	
0	98 494	498	501	505	508	511	515	518	521	525	50
10	528	531	535	538	541	545	548	551	555	558	40
20	561	565	568	571	574	578	581	584	588	591	30
30	594	597	601	604	607	610	614	617	620	623	20
40	627	630	633	636	640	643	646	649	652	656	10
50	659	662	665	668	671	675	678	681	684	687	0

Sin. 76°   9,98 690   Cos. 14°

	0	1	2	3	4	5	6	7	8	9	
0	98 690	694	697	700	703	706	709	712	715	719	50
10	722	725	728	731	734	737	740	743	746	750	40
20	753	756	759	762	765	768	771	774	777	780	30
30	783	786	789	792	795	798	801	804	807	810	20
40	813	816	819	822	825	828	831	834	837	840	10
50	843	846	849	852	855	858	861	864	867	869	0

Sin. 77°   9,98 872   Cos. 13°

	0	1	2	3	4	5	6	7	8	9	
0	98 872	875	878	881	884	887	890	893	896	898	50
10	901	904	907	910	913	916	919	921	924	927	40
20	930	933	936	938	941	944	947	950	953	955	30
30	958	961	964	967	969	972	975	978	980	983	20
40	986	989	991	994	997	*000	*002	*005	*008	*011	10
50	99 013	016	019	022	024	027	030	032	035	038	0

Sin. 78°   9,99 040   Cos. 12°

	0	1	2	3	4	5	6	7	8	9	
0	99 040	043	046	048	051	054	056	059	062	064	50
10	067	070	072	075	078	080	083	086	088	091	40
20	093	096	099	101	104	106	109	112	114	117	30
30	119	122	124	127	130	132	135	137	140	142	20
40	145	147	150	152	155	157	160	162	165	167	10
50	170	172	175	177	180	182	185	187	190	192	0

Sin. 79°   9,99 195   Cos. 11°

	0	1	2	3	4	5	6	7	8	9	
0	99 195	197	200	202	204	207	209	212	214	217	50
10	219	221	224	226	229	231	233	236	238	241	40
20	243	245	248	250	252	255	257	260	262	264	30
30	267	269	271	274	276	278	281	283	285	288	20
40	290	292	294	297	299	301	304	306	308	310	10
50	313	315	317	319	322	324	326	328	331	333	0

Sin. 80°   9,99 335   Cos. 10°

	10	9	8	7	6	5	4	3	2	1	

	0	1	2	3	4	5	6	7	8	9	

Tang. 75° 10,57 195 Cot. 15°

	0	1	2	3	4	5	6	7	8	9	
0	57 195	245	296	347	397	448	499	550	601	652	50
10		703	754	805	856	907	959	*010	*061	*113	*164	40
20	58 216	267	319	371	422	474	526	578	630	682	30
30		734	786	839	891	943	995	*048	*100	*153	*205	20
40	59 258	311	364	416	469	522	575	628	681	734	10
50		788	841	894	948	*001	*055	*108	*162	*215	*269	0

Tang. 76° 10,60 323 Cot. 14°

	0	1	2	3	4	5	6	7	8	9	
0	60 323	377	431	485	539	593	647	701	755	810	50
10		864	918	973	*028	*082	*037	*192	*246	*301	*356	40
20	61 411	466	521	577	632	687	743	798	855	909	30
30		965	*020	*076	*132	*188	*244	*300	*356	*412	*468	20
40	62 524	581	637	694	750	807	863	920	977	*034	10
50	63 091	148	205	262	319	376	434	491	548	606	0

Tang. 77° 10,63 664 Cot. 13°

	0	1	2	3	4	5	6	7	8	9	
0	63 664	721	779	837	895	953	*011	*069	*127	*185	50
10	64 243	302	360	419	477	536	595	653	712	771	40
20		830	889	949	*008	*067	*126	*186	*245	*305	*365	30
30	65 424	484	544	604	664	724	785	845	905	966	20
40	66 026	087	147	208	269	330	391	452	513	574	10
50		635	697	758	820	881	943	*005	*067	*128	*190	0

Tang. 78° 10,67 253 Cot. 12°

	0	1	2	3	4	5	6	7	8	9	
0	67 253	315	377	439	502	564	627	689	752	815	50
10		878	941	*004	*067	*130	*194	*257	*321	*384	*448	40
20	68 511	575	639	703	767	832	896	960	*025	*089	30
30	69 154	218	283	348	413	478	543	609	674	739	20
40		805	870	936	*002	*068	*134	*200	*266	*332	*399	10
50	70 465	532	598	665	752	799	866	933	*000	*067	0

Tang. 79° 10,71 135 Cot. 11°

	0	1	2	3	4	5	6	7	8	9	
0	71 135	202	270	338	405	473	541	609	677	746	50
10		814	883	951	*020	*089	*158	*227	*296	*365	*434	40
20	72 504	573	643	712	782	852	922	992	*063	*133	30
30	73 203	274	345	415	486	557	628	699	771	842	20
40		914	985	*057	*129	*201	*273	*345	*418	*490	*563	10
50	74 635	708	781	854	927	*000	*074	*147	*221	*294	0

Tang. 80° 10,75 368 Cot. 10°

	10	9	8	7	6	5	4	3	2	1

	0	1	2	3	4	5	6	7	8	9	

Sin. 80°   9,99 335   **Cos. 10°**

	0	1	2	3	4	5	6	7	8	9	
0	99 335	337	340	342	344	346	348	351	353	355	50
10	357	359	362	364	366	368	370	372	375	377	40
20	379	381	383	385	388	390	392	394	396	398	30
30	400	402	404	407	409	411	413	415	417	419	20
40	421	423	425	427	429	432	434	436	438	440	10
50	442	444	446	448	450	452	454	456	458	460	0

Sin. 81°   9,99 462   **Cos. 9°**

	0	1	2	3	4	5	6	7	8	9	
0	99 462	464	466	468	470	472	474	476	478	480	50
10	482	484	486	488	490	492	494	495	497	499	40
20	501	503	505	507	509	511	513	515	517	518	30
30	520	522	524	526	528	530	532	533	535	537	20
40	539	541	543	545	546	548	550	552	554	556	10
50	557	559	561	563	565	566	568	570	572	574	0

Sin. 82°   9,99 575   **Cos. 8°**

	0	1	2	3	4	5	6	7	8	9	
0	99 575	577	579	581	582	584	586	588	589	591	50
10	593	595	596	598	600	601	603	605	607	608	40
20	610	612	613	615	617	618	620	622	624	625	30
30	627	629	630	632	633	635	637	638	640	642	20
40	643	645	647	648	650	651	653	655	656	658	10
50	659	661	663	664	666	667	669	670	672	674	0

Sin. 83°   9,99 675   **Cos. 7°**

	0	1	2	3	4	5	6	7	8	9	
0	99 675	677	678	680	681	683	684	686	687	689	50
10	690	692	693	695	696	698	699	701	702	704	40
20	705	707	708	710	711	713	714	716	717	718	30
30	720	721	723	724	726	727	728	730	731	733	20
40	734	736	737	738	740	741	742	744	745	747	10
50	748	749	751	752	753	755	756	757	759	760	0

Sin. 84°   9,99 761   **Cos. 6°**

	0	1	2	3	4	5	6	7	8	9	
0	99 761	763	764	765	767	768	769	771	772	773	50
10	775	776	777	778	780	781	782	783	785	786	40
20	787	788	790	791	792	793	795	796	797	798	30
30	800	801	802	803	804	806	807	808	809	810	20
40	812	813	814	815	816	817	819	820	821	822	10
50	823	824	825	827	828	829	830	831	832	833	0

Sin. 85°   9,99 834   **Cos. 5°**

	10	9	8	7	6	5	4	3	2	1	

	0	1	2	3	4	5	6	7	8	9	

Tang. 80°   10,75 368   Cot. 10°

	0	1	2	3	4	5	6	7	8	9	
0	75 368	442	516	590	665	739	814	888	963	*038	50
10	76 113	188	263	339	414	490	565	641	717	794	40
20	770	946	*023	*099	*176	*253	*330	*407	*484	*562	30
30	77 639	717	795	873	951	*029	*107	*186	*264	*343	20
40	78 422	501	580	659	739	818	898	978	*058	*138	10
50	79 218	299	379	460	541	622	703	784	866	947	0

Tang. 81°   10,80 029   Cot. 9°

	0	1	2	3	4	5	6	7	8	9	
0	80 029	111	193	275	357	439	522	605	688	771	50
10	854	937	*021	*104	*188	*272	*356	*440	*525	*609	40
20	81 694	779	864	949	*035	*120	*206	*292	*378	*464	30
30	82 550	637	723	810	897	984	*072	*159	*247	*535	20
40	83 423	511	599	688	776	865	954	*044	*133	*223	10
50	84 312	402	492	583	673	764	855	946	*037	*128	0

Tang. 82°   10,85 220   Cot. 8°

	0	1	2	3	4	5	6	7	8	9	
0	85 220	312	403	496	588	680	773	866	959	*052	50
10	86 146	239	333	427	522	616	711	806	901	996	40
20	87 091	187	283	379	475	572	668	765	862	960	30
30	88 057	155	253	351	449	548	647	746	845	944	20
40	89 044	144	244	344	445	546	647	748	850	951	10
50	90 053	155	258	360	463	566	670	673	877	981	0

Tang. 83°   10,91 086   Cot. 7°

	0	1	2	3	4	5	6	7	8	9	
0	91 086	190	295	400	505	611	717	823	829	*056	50
10	92 142	249	357	464	572	680	789	897	*006	*115	40
20	93 225	334	444	555	665	776	887	998	*110	*222	30
30	94 334	447	559	672	786	899	*013	*127	*242	*357	20
40	95 472	587	703	819	935	*052	*168	*286	*403	*521	10
50	96 639	758	876	995	*115	*234	*355	*475	*596	*717	0

Tang. 84°   10,97 838   Cot. 6°

	0	1	2	3	4	5	6	7	8	9	
0	97 838	960	*082	*204	*327	*450	*573	*697	*821	*945	50
10	99 070	195	321	447	573	699	826	954	*081	*209	40
20	00 338	466	595	725	855	985	*116	*247	*378	*510	30
30	01 642	775	908	*041	*175	*309	*444	*579	*715	*850	20
40	02 987	*123	*261	*398	*536	*675	*813	*953	*092	*233	10
50	04 373	514	656	798	940	*083	*227	*370	*515	*660	0

Tang. 85°   10,05 805   Cot. 5°

	10	9	8	7	6	5	4	3	2	1	

	Sin. 85°	Sin. 86°	Sin. 87°	Sin. 88°	Sin. 89°	
0	9,99834	9,99894	9,99940	9,99974	9,99993	60
1	9,99836	9,99895	9,99941	9,99974	9,99994	59
2	9,99837	9,99896	9,99942	9,99974	9,99994	58
3	9,99838	9,99897	9,99942	9,99975	9,99994	57
4	9,99839	9,99898	9,99943	9,99975	9,99994	56
5	9,99840	9,99898	9,99944	9,99976	9,99994	55
6	9,99841	9,99899	9,99944	9,99976	9,99995	54
7	9,99842	9,99900	9,99945	9,99977	9,99995	53
8	9,99843	9,99901	9,99946	9,99977	9,99995	52
9	9,99844	9,99902	9,99946	9,99977	9,99995	51
10	9,99845	9,99903	9,99947	9,99978	9,99995	50
11	9,99846	9,99904	9,99948	9,99978	9,99996	49
12	9,99847	9,99904	9,99948	9,99979	9,99996	48
13	9,99848	9,99905	9,99949	9,99979	9,99996	47
14	9,99850	9,99906	9,99949	9,99979	9,99996	46
15	9,99851	9,99907	9,99950	9,99980	9,99996	45
16	9,99852	9,99908	9,99951	9,99980	9,99996	44
17	9,99853	9,99909	9,99951	9,99981	9,99997	43
18	9,99854	9,99909	9,99952	9,99981	9,99997	42
19	9,99855	9,99910	9,99952	9,99981	9,99997	41
20	9,99856	9,99911	9,99953	9,99982	9,99997	40
21	9,99857	9,99912	9,99954	9,99982	9,99997	39
22	9,99858	9,99913	9,99954	9,99982	9,99997	38
23	9,99859	9,99913	9,99955	9,99983	9,99997	37
24	9,99860	9,99914	9,99955	9,99984	9,99998	36
25	9,99861	9,99915	9,99956	9,99983	9,99998	35
26	9,99862	9,99916	9,99956	9,99983	9,99998	34
27	9,99863	9,99917	9,99957	9,99984	9,99998	33
28	9,99864	9,99917	9,99958	9,99984	9,99998	32
29	9,99865	9,99918	9,99958	9,99985	9,99998	31
30	9,99866	9,99919	9,99959	9,99985	9,99998	30
	Cos. 4°	Cos. 3°	Cos. 2°	Cos. 1°	Cos. 0°	

	Tang. 85°	Tang. 86°	Tang. 87°	Tang. 88°	Tang. 89°	
0	11,05805	11,15536	11,28060	11,45692	11,75808	60
1	11,05951	11,15718	11,28303	11,46055	11,76538	59
2	11,06097	11,15900	11,28547	11,46422	11,77280	58
3	11,06244	11,16084	11,28792	11,46792	11,78036	57
4	11,06391	11,16268	11,29038	11,47165	11,78805	56
5	11,06538	11,16453	11,29286	11,47541	11,79587	55
6	11,06687	11,16639	11,29535	11,47921	11,80384	54
7	11,06835	11,16825	11,29786	11,48304	11,81196	53
8	11,06984	11,17013	11,30038	11,48690	11,82024	52
9	11,07134	11,17201	11,30292	11,49080	11,82867	51
10	11,07284	11,17390	11,30547	11,49473	11,83727	50
11	11,07435	11,17580	11,30804	11,49870	11,84605	49
12	11,07586	11,17770	11,31062	11,50271	11,85500	48
13	11,07738	11,17962	11,31322	11,50675	11,86415	47
14	11,07890	11,18154	11,31583	11,51085	11,87349	46
15	11,08043	11,18347	11,31846	11,51495	11,88304	45
16	11,08197	11,18541	11,32110	11,51911	11,89280	44
17	11,08350	11,18736	11,32376	11,52331	11,90278	43
18	11,08505	11,18932	11,32644	11,52755	11,91300	42
19	11,08660	11,19128	11,32913	11,53183	11,92347	41
20	11,08815	11,19326	11,33184	11,53615	11,93419	40
21	11,08971	11,19524	11,33457	11,54052	11,94519	39
22	11,09128	11,19725	11,33731	11,54493	11,95647	38
23	11,09285	11,19924	11,34007	11,54939	11,96806	37
24	11,09443	11,20125	11,34285	11,55389	11,97996	36
25	11,09601	11,20327	11,34565	11,55844	11,99219	35
26	11,09760	11,20530	11,34846	11,56304	12,00478	34
27	11,09920	11,20734	11,35130	11,56768	12,01775	33
28	11,10080	11,20939	11,35415	11,57238	12,03111	32
29	11,10240	11,21145	11,35702	11,57713	12,04490	31
30	11,10402	11,21351	11,35991	11,58193	12,05914	30
	Cot. 0°	Cot. 1°	Cot. 2°	Cot. 3°	Cot. 4°	

G

	Sin. 85°	Sin. 86°	Sin. 87°	Sin. 88°	Sin. 89°	
30	9,99866	9,99919	9,99959	9,99985	9,99998	30
31	9,99867	9,99920	9,99959	9,99985	9,99998	29
32	9,99868	9,99920	9,99960	9,99986	9,99999	28
33	9,99869	9,99921	9,99960	9,99986	9,99999	27
34	9,99870	9,99922	9,99961	9,99986	9,99999	26
35	9,99871	9,99923	9,99961	9,99987	9,99999	25
36	9,99872	9,99923	9,99962	9,99987	9,99999	24
37	9,99873	9,99924	9,99962	9,99987	9,99999	23
38	9,99874	9,99925	9,99963	9,99988	9,99999	22
39	9,99875	9,99926	9,99963	9,99988	9,99999	21
40	9,99876	9,99926	9,99964	9,99988	9,99999	20
41	9,99877	9,99927	9,99964	9,99989	9,99999	19
42	9,99878	9,99928	9,99965	9,99989	9,99999	18
43	9,99879	9,99929	9,99966	9,99989	9,99999	17
44	9,99879	9,99929	9,99966	9,99989	10,00000	16
45	9,99880	9,99930	9,99967	9,99990	10,00000	15
46	9,99881	9,99931	9,99967	9,99990	10,00000	14
47	9,99882	9,99932	9,99967	9,99990	10,00000	13
48	9,99883	9,99932	9,99968	9,99990	10,00000	12
49	9,99884	9,99933	9,99968	9,99991	10,00000	11
50	9,99885	9,99934	9,99969	9,99991	10,00000	10
51	9,99886	9,99934	9,99969	9,99991	10,00000	9
52	9,99887	9,99935	9,99970	9,99992	10,00000	8
53	9,99888	9,99936	9,99970	9,99992	10,00000	7
54	9,99889	9,99936	9,99971	9,99992	10,00000	6
55	9,99890	9,99937	9,99971	9,99992	10,00000	5
56	9,99891	9,99938	9,99972	9,99992	10,00000	4
57	9,99891	9,99938	9,99972	9,99993	10,00000	3
58	9,99892	9,99939	9,99973	9,99993	10,00000	2
59	9,99893	8,99940	9,99973	9,99993	10,00000	1
60	9,99894	9,99940	9,99974	9,99993	10,00000	0
	Cos. 4°	Cos. 3°	Cos. 2°	Cos. 1°	Cos. 0°	

	Tang. 85°	Tang. 86°	Tang. 87°	Tang. 88°	Tang. 89°	
30	11,10402	11,21351	11,35991	11,58195	12,05914	30
31	11,10565	11,21559	11,36282	11,58679	12,07387	29
32	11,10726	11,21768	11,36574	11,59170	12,08911	28
33	11,10889	11,21873	11,36869	11,59666	12,10490	27
34	11,11052	11,22189	11,37166	11,60168	12,12129	26
35	11,11217	11,22400	11,37465	11,60677	12,13833	25
36	11,11382	11,22613	11,37766	11,61191	12,15606	24
37	11,11547	11,22827	11,38069	11,61711	12,17454	23
38	11,11713	11,23042	11,38374	11,62238	12,19385	22
39	11,11880	11,23258	11,38681	11,62771	12,21405	21
40	11,12047	11,23475	11,38991	11,63311	12,23524	20
41	11,12215	11,23694	11,39302	11,63857	12,25752	19
42	11,12384	11,23913	11,39616	11,64410	12,28100	18
43	11,12553	11,24133	11,39932	11,64971	12,30582	17
44	11,12725	11,24355	11,40251	11,65539	12,33215	16
45	11,12894	11,24577	11,40572	11,66114	12,36018	15
46	11,13065	11,24801	11,40895	11,66698	12,39014	14
47	11,13237	11,25026	11,41221	11,67289	12,42233	13
48	11,13409	11,25252	11,41549	11,67888	12,45709	12
49	11,13583	11,25479	11,41879	11,68495	12,49488	11
50	11,13757	11,25708	11,42212	11,69112	12,53627	10
51	11,13931	11,25937	11,42548	11,69737	12,58203	9
52	11,14107	11,26168	11,42886	11,70371	12,63318	8
53	11,14283	11,26400	11,43227	11,71014	12,69118	7
54	11,14460	11,26634	11,43571	11,71668	12,75812	6
55	11,14637	11,26868	11,43917	11,72331	12,83730	5
56	11,14815	11,27104	11,44266	11,73004	12,93421	4
57	11,14994	11,27341	11,44618	11,73688	12,05915	3
58	11,15174	11,27580	11,44973	11,74384	13,23524	2
59	11,15354	11,27819	11,45331	11,75090	13,53627	1
60	11,15536	11,28060	11,45692	11,75808	+ ∞	0
	Cot. 4°	Cot. 3°	Cot. 2°	Cot. 1°	Cot. 0°	

I. *Base des logarithmes naturels...*
$$h = 2,718\ 281\ 828\ 459\ 045\ldots$$

II. *Multiples du facteur par lequel on transforme les Logarithmes vulgaires en Logarithmes naturels.*

1	$2,302\ \ 585\ \ 092..$	$=$	log. nat. 10
2	$4,605\ \ 170\ \ 185..$	$=$	log. nat. 10^2
3	$6,907\ \ 755\ \ 278..$	$=$	log. nat. 10^3
4	$9,210\ \ 340\ \ 371..$	$=$	log. nat. 10^4
5	$11,512\ \ 925\ \ 464..$	$=$	log. nat. 10^5
6	$13,815\ \ 510\ \ 557..$	$=$	log. nat. 10^6
7	$16,118\ \ 095\ \ 650..$	$=$	log. nat. 10^7
8	$18,420\ \ 680\ \ 743..$	$=$	log. nat. 10^8
9	$20,723\ \ 265\ \ 836..$	$=$	log. nat. 10^9

III. *Multiples du module des Logarithmes vulgaires , c'est-à-dire, du facteur qui sert à transformer les Logarithmes naturels en Logarithmes vulgaires.*

1	$0,434\ \ 294\ \ 481$	$=$	log. vulg. h
2	$0,868\ \ 588\ \ 963..$	$=$	log. vulg. h^2
3	$1,302\ \ 882\ \ 445..$	$=$	log. vulg. h^3
4	$1,737\ \ 177\ \ 927..$	$=$	log. vulg. h^4
5	$2,171\ \ 472\ \ 409..$	$=$	log. vulg. h^5
6	$2,605\ \ 766\ \ 891..$	$=$	log. vulg. h^6
7	$3,040\ \ 061\ \ 373..$	$=$	log. vulg. h^7
8	$3,474\ \ 355\ \ 855..$	$=$	log. vulg. h^8
9	$3,908\ \ 650\ \ 337..$	$=$	log. vulg. h^9

IV. *Circonférence du Cercle dont le diamètre est en Logarithmes.*

$$\pi = 3,141\ \ 592\ \ 653\ \ 589\ \ 793$$
$$\text{Log. nat. } \pi = 1,144\ \ 729\ \ 885\ \ 849\ \ 400..$$
$$\text{Log. nat. } \pi = 0,497\ \ 149\ \ 872\ \ 694\ \ 133..$$